Dampf in den
Swinging Sixties

Békéscsaba liegt im Südosten Ungarns und ist ein bedeutender Eisenbahnknotenpunkt mit Verbindungen nach Budapest, Szeged und über die Grenze nach Bukarest und Arad in Rumänien. Am 3. September 1964 sind dort zwei Dampfloks mit der Achsfolge 1'C in Diensten der ungarischen Staatsbahn Magyar Államvasutak (MÁV) zu sehen. Auf der linken Seite steht die Lok 375.598, auf der rechten Seite – und scheinbar außer Betrieb – die Lok 376.617. Die MÁV führte die Baureihe 375 erstmals 1907 ein, um damit eine größere Zahl von neu zu eröffnenden Nebenstrecken betreiben zu können. Außerdem waren die vorhandenen Maschinen für den Nebenbahndienst veraltet. Auf diesen Strecken betrug die maximal zulässige Achslast 10,3 Tonnen; die ältere Baureihe 375 hielt diese Grenze nur knapp ein, während die kleiner ausgeführte Baureihe 376, die ab 1910 gebaut wurde, deutlich leichter war. Die Produktion beider Typen lief viele Jahre weiter und tatsächlich gehört auch die letzte für die MÁV gebaute Dampflokomotive aus dem Jahr 1959 zur Baureihe 375.
Les Folkard/Online Transport Archive

Dampf in den
Swinging Sixties
Als Europa noch dampfte

Peter Waller

trans press

Die englischsprachige Originalausgabe erschien 2020 unter dem Titel »European Steam in the 1960« bei Unique Books, einem Imprint der Unique Publishing Services Ltd, 3 Merton Court, The Strand, Brighton Marina Village, Brighton BN2 5XY. www.uniquebooks.pub

First published in Germany by transpress Verlag.
Published in the United Kingdom by Unique Books

Deutsche Fassung: Bernhard Senger

Einbandgestaltung: Sven Rauert
Titelbild: Dampflok 41307 von British Rail wartet 1961 in Lyme Regis auf die Abfahrt nach Axminster.
Foto: Marcus Eavis

Bildnachweis: ist jeweils bei den Bildern angegeben

Bildnachweis
Alle Abbildungen in diesem Buch entstammen der Sammlung der in Großbritannien beheimateten Wohltätigkeitsorganisation Online Transport Archive. Dieses Archiv bietet den Liebhabern des Schienen-, Straßen-, Luft- und Wasserverkehrs die Möglichkeit, ihre Sammlungen für die Nachwelt zu bewahren. Weitere Informationen über das Archiv erhält man auf seiner Internetseite (www.onlinetransportarchive.org) oder direkt beim Sekretariat (secretary@onlinetransportarchive.org).

ISBN 978-3-613-71392-5

1. Auflage 2020

Sie finden uns im Internet unter www.transpress.de

Lektor: Hartmut Lange
Printed in Poland

Inhalt

Einleitung

Unmittelbar nach dem Zweiten Weltkrieg war die Dampflokomotive in den meisten europäischen Ländern noch die wichtigste Traktionsart bei der Eisenbahn. Es gab Ausnahmen – wie die Schweiz – wo in den Vorkriegsjahren erheblich in die Elektrifizierung investiert worden war, aber für die meisten Länder blieb die Bedeutung von Diesel- und Elektrotraktion vorerst sekundär. Eine Generation später, Ende der 1960er Jahre, befanden sich die Dampflokomotiven in den meisten westeuropäischen Ländern bereits deutlich auf dem Rückzug; in einigen Ländern, wie z.B. Großbritannien und der Republik Irland, war sie sogar schon vollständig aus dem Eisenbahnalltag verschwunden. In Osteuropa hingegen dominierten Dampfloks noch mindestens ein weiteres Jahrzehnt den Eisenbahnbetrieb.

Der Rückgang der Dampftraktion im Westen ist auf mehrere Faktoren zurückzuführen. Diesel- und Elektrolokomotiven waren effizienter und sauberer im Betrieb. Sie waren nicht nur leistungsfähiger, sondern benötigten auch weniger Personal und Betriebsanlagen. Sie boten daher ein großes Einsparpotenzial zu einer Zeit, in der sich die Wirtschaftlichkeit des Bahnbetriebs durch die wachsende Konkurrenz von der Straße zunehmend verschlechterte. Dies war sicherlich der Hauptfaktor in Großbritannien, wo die Einführung von Dieseltriebwagen nach dem Modernisierungsplan von 1955 zu einer Verbesserung der Finanzen auf einigen Nebenstrecken führte; diese Effizienzgewinne reichten jedoch nicht aus, um viele der Strecken über die 1960er Jahren hinaus zu erhalten. Wie das britische Eisenbahnnetz wurden in den 1960er Jahren auch die Bahnnetze vieler anderer Länder zurückgebaut. Diese Verkleinerung der Streckennetze war ein weiterer Faktor für den Rückgang des Dampfes: Je weniger Strecken zu bedienen waren, desto geringer wurde auch der Bedarf an Dampfloks. Hinzu kam noch der schleichende Rückgang beim Güterverkehr zugunsten eines zunehmend dominierenden Straßennetzes.

In Osteuropa spielten allerdings ganz andere Faktoren eine Rolle. In diesen Ländern war Kohle in ihren verschiedenen Formen in großem Umfang und günstig verfügbar, während die Erdölversorgung sehr viel schwieriger war. Die Planwirtschaften der kommunistischen Regierungen des Warschauer Paktes verfügten nicht über die Devisen, die für den Kauf der großen Ölmengen erforderlich waren. So blieb man dort noch lange der Dampflokomotive als wichtigster Traktionsart treu. Außerdem überlebten dort viele Bahnstrecken, die im Westen schon längst stillgelegt gelegt worden wären, da private Autos und Nutzfahrzeuge weitaus weniger verbreitet waren.

In mehreren westeuropäischen Ländern wie Finnland, Italien und Schweden war der Dampfbetrieb zwar offiziell früh eingestellt worden, aber man ordnete dort eine beträchtliche Anzahl von Dampflokomotiven der »strategischen Reserve« zu: Für den Fall von Problemen bei der Versorgung mit Öl oder der Stromversorgung wären diese Dampfloks reaktiviert worden. Dies hatte den positiven Nebeneffekt, dass sich bei der endgültigen Auflösung der Reserve eine beträchtliche Anzahl von gut konservierten Dampflokomotiven für die Erhaltung anbot.

Dieses Buch porträtiert vor allem den europäischen Dampflokbetrieb in den 1960er Jahren – den »Swinging Sixties«. Es war ein Jahrzehnt großer Veränderungen in den meisten Ländern Europas – aber vor allem im Westen, wo viele der traditionellen Muster, die über Generationen das Fundament der Gesellschaft gebildet hatten, zunehmend unter Druck gerieten. Für die Eisenbahnfotografen war es dagegen das erste Jahrzehnt, in dem Farbfilme in größerem Umfang sowohl verfügbar als auch bezahlbar waren und viele der relativ jungen Enthusiasten nutzten damals die wachsenden Reisemöglichkeiten – eine Folge des steigenden Lebensstandards und des höheren verfügbaren Einkommens – und den Farbfilm, um die sich verändernde Eisenbahnwelt im Bild festzuhalten.

Rund ein halbes Jahrhundert später sind die Szenerien, die diese Fotografen aufgenommen haben, längst verschwunden. Die meisten der fotografierten Dampflokomotiven sind auf den Schrottplätzen gelandet und auch viele der damals fotografierten Strecken sind heute nur noch Erinnerung. Es ist unmöglich, in rund 200 Bildern aus jener Zeit einen vollständigen Überblick über die in Betrieb befindlichen Dampflokomotiven jeder einzelnen Nation zu geben; ich hoffe jedoch, dass diese Momentaufnahmen einen gelungenen Querschnitt an Erinnerungen an das bieten, was es einmal gegeben hat und was verloren gegangen ist.

Einzelne Exemplare von vielen der vorgestellten Baureihen sind immer noch vorhanden, obwohl gerade für die in Osteuropa und auf dem Balkan noch vorhandenen Dampflokomotiven die Zukunft nicht unbedingt rosig aussieht. Die Bewahrung alter Loks hilft, die Menschen an die Vergangenheit zu erinnern, aber sie ersetzt niemals die Realität; fast alle Bilder in dem Buch zeigen die Dampflok im Alltagsbetrieb, wie es ihn heute nicht mehr gibt. Die Ausnahmen bilden einige Fotografien von Sonderzügen, wie dies etwa bei der Dokumentation des Dampfbetriebs in der Schweiz unvermeidlich ist, aber sie bilden nur einen kleinen Anteil.

Wenn wir an der Schwelle zum dritten Jahrzehnt des 21. Jahrhunderts zurückblicken, können wir nur dankbar sein für die Zeit, das Geld und die Mühen, die diese Fotografen seinerzeit aufgewendet haben, um den damaligen rapiden Wandel auf dem ganzen europäischen Kontinent fotografisch für die Nachwelt zu bewahren.

Oben: Anfang des 20. Jahrhunderts begann Danske Statsbaner (DSB; Dänische Staatsbahnen) mit dem Austausch älterer Baureihen. Zu den neuen Typen gehörte auch die Baureihe D (I) mit der Achsfolge 1'C, von welcher 41 Maschinen zwischen 1902 und 1907 vor allem für den Güterverkehr gebaut wurden. Zunächst waren sie dem Netz auf Jütland zugeteilt, später wurden die Loks auch auf den Inseln Fünen und Seeland eingesetzt. 1925 begann der Umbau dieser Baureihe, der erst 1940 abgeschlossen wurde. Die hier abgebildete Lok 838 wurde ursprünglich im Jahr 1907 von Nydqvist & Holm AB (später NOHAB) aus Trollhättan in Schweden geliefert und 1928 umgebaut. Nach einem Unfallschaden in Nørager im Jahre 1956 wurde die 838 schließlich 1964 abgestellt. Drei Loks dieses Typs (802, 825 und 826) sind erhalten geblieben.
Geoffrey Morant/Online Transport Archive

Rechts oben: Eine Aufnahme von Lok 350 der Baureihe Q (Bauart Dn2t) der Danske Statsbaner (DSB; Dänische Staatsbahnen) vom Sommer 1965 in ihrem Heimat-Bw Fredericia. Die 15 Loks der Baureihe Q waren die letzten für die DSB gefertigten Dampfloks und die einzige Type, die nicht auf ausländischen Entwürfen basierte. Gebaut wurden sie zwischen 1930 und 1945 von der Maschinenfabrik Frichs in Aarhus, wobei Lok 350 (Farbriknummer 344) die jüngste Lok dieser Type war. Diese Baureihe wurde für den Rangierdienst auf Rangierbahnhöfen konzipiert. Lok 350 fährt heute noch und zwar im Südwesten von Hamburg mit einem Museumszug auf der ansonsten nur noch im Güterverkehr betriebenen Strecke der ehemaligen Bergedorf-Geesthachter Eisenbahn. Lok 350 kam 1981 nach Geesthacht und wird dort seit 1985 als »Karoline« eingesetzt, während die Schwesterlokomotive Nr. 345 im Dänischen Eisenbahnmuseum in Odense erhalten ist.
Harry Luff/Online Transport Archive

Rechts unten: 1873 hatte die DSB erstmals von der Maschinenfabrik Esslingen eine kleine zweiachsige Dampflok für den Rangierdienst angeschafft. 1889 war der Bestand schon auf zwölf angewachsen, der 1893 noch um vier Exemplare von der Lokfabrik Richard Hartmann in Chemnitz ergänzt wurde. Diese Loks bezeichnete die DSB als Litra HS (später mit dem Zusatz »(I)«; Litra« ist das dänische Wort für Buchstabe«) und nummerierte sie fortlaufend von 362 bis 377. Die formschönen kleinen Tenderloks bewährten sich und so wurden zwischen 1894 und 1902 weitere 29 Exemplare (378 bis 422) bei verschiedenen Herstellern gekauft und nun als Reihe Litra Hs (II) bezeichnet. Die ersten sieben Loks (378 bis 384) stammten von der in Glasgow ansässigen Firma Neilson, Reid & Co. Auch Hartmann, Maffei und Henschel lieferten jeweils größere Stückzahlen. Von den in Schottland gefertigten Lokomotiven wurden zwei in den 1930er Jahren und eine in den 1950er Jahren abgestellt. Lok 378 war in Slagelse stationiert, wurde schon 1961 abgestellt aber erst 1964 endgültig ausgemustert. Harry Luff hat sie kurz nach ihrer Ausmusterung noch fotografieren können.
Harry Luff/Online Transport Archive

Nr 350

Nr 378

Oben: Neben dem Streckennetz der DSB verfügte Dänemark auch über eine bedeutende Anzahl von Privatbahnen wie die Østsjællandske Jernbane Selskab (ØSJS; Ost-Seeland Bahn), die von Køge im Süden Kopenhagens über Hårlev nach Faxe Ladeplads und Rødvig führt. 1950 kaufte die Bahn zwei gebrauchte Henschel-Loks mit der Achsfolge1'C von der Kolding Sydbaner (Koldinger Südbahn). Lok 5 ist hier im August 1966 zu sehen; sie wurde ursprünglich 1912 gebaut, während ihre Schwester (Lok 7) ein Jahr älter war. Nr. 5 wurde 1966 ausgemustert und noch im selben Jahr verkauft, so dass sie erst 1973 verschrottet wurde. Lok 7 blieb jedoch erhalten und auch die Strecke ist heute unter dem Namen Østbanen (Ostbahn) noch in Betrieb.
Phil Tatt/Online Transport Archive

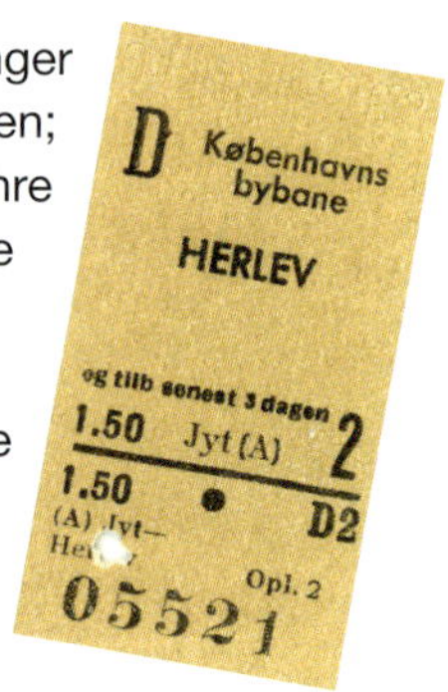

Links unten: Zwischen 1924 und 1928 lieferten die Borsig-Werke aus Tegel bei Berlin und die in Aarhus ansässige Frichs Maskinfabrik og Kedelsmedie an die DSB 20 Dreizylinder-Tenderloks der Baureihe S (Achsfolge 1'C2') für den Einsatz im Vorortverkehr von Kopenhagen. Nur die ersten beiden (721 und 722) wurden von Borsig gebaut, der Rest stammte von dem dänischen Hersteller. Mit der fortschreitenden Elektrifizierung der Vorortstrecken, für die sie eigentlich vorgesehen gewesen waren, wurde die Baureihe S ab Anfang der 1960er Jahre außer Betrieb genommen. Die hier in Helsingør abgebildete Lok 737 wurde 1969 ausgemustert und im folgenden Jahr verschrottet. Drei Loks dieser Baureihe (736, 739 und 740) werden in Dänemark noch erhalten. Lok 740 gelangte als Museumslok noch zu besonderen Ehren, denn sie durfte in dem James-Bond-Film *Octopussy* mitspielen. Die Dreharbeiten dafür fanden auf der britischen Nene Valley Railway statt, wo Lok 740 für einige Jahre zu Hause war. *Paul de Beer/Online Transport Archive*

Oben: Die Maschinen der 1903 eingeführte Reihe C (Achsfolge 2'B) waren die ersten Innenzylinderlokomotiven, die seit 1847 an DSB geliefert wurden. Die Maschinenfabrik Esslingen baute zunächst fünf Exemplare (701 bis 705) , bis 1909 weitere 15 Maschinen dieser Type (706 bis 20) von der Berliner Maschinenbau AG (BMAG, vormals L. Schwartzkopff) in Wildau gefertigt wurden. Die Lokomotiven wurden während ihrer gesamten Betriebszeit auf der dänischen Hauptinsel Seeland eingesetzt. So wartet auf diesem Bild von Phil Tatt aus dem August 1966 Lok 710, eine der von der BMAG gebauten Exemplare, auf ihren nächsten Einsatz im Lokschuppen von Dybbølsbro im Zentrum von Kopenhagen. Die Abstellung dieser Type begann Mitte der 1950er Jahre. Auch Lok 710 kam zu Filmehren und zwar schon während ihrer aktiven Zeit in dem 1961 abgedrehten dänischen Familienfilm *Komtessen*. Im Jahr 1969 wurde die Lok als letzte ihrer Klasse ausgemustert und 1970 verschrottet. Die Schwesterlok 708 ist im Danmarks Jernbanemuseum von Odense noch erhalten.
Phil Tatt/Online Transport Archive

Oben: Zwischen 1914 und 1916 wurden für die schwedische Eisenbahn von Nydquist & Holm (Nohab) insgesamt 11 Loks der Baureihe F (Bauart 2'C 1'h4v) gebaut, welche die gesamte Baureihe aber nach Elektrifizierung ihrer Hauptstrecke nach Dänemark verkaufte. Beeindruckt von der Leistung der Type bestellte die DSB 1942 weitere 25 Loks, die zwischen 1942 und 1950 von der in Aarhus ansässigen Maschinenfabrik Frichs gebaut wurden. Die ehemaligen schwedischen Lokomotiven erhielten die Nummern 964 bis 974, während die in Dänemark gebauten Loks mit den Nummern 975 bis 999 bezeichnet wurden; in Dänemark wurden sie dann als Baureihe E in den DSB-Bestand eingereiht. Die zuletzt gebaute Lok 999 ist hier in Naestved am 1. September 1967 zu sehen; sie wurde nach ihrer Außerdienststellung 1976 erhalten, dann aber durch einen Brand im November 1981 schwer beschädigt und anschließend verschrottet. Zwei der ehemaligen schwedischen Lokomotiven (die Loks 964 und 966) gingen nach Schweden zurück, wo sie erhalten sind, während von den bei Frichs gebauten Maschinen noch insgesamt fünf Exemplare überlebten, darunter auch Lok 996, die gerade bei der Railworld in Großbritannien restauriert wird.
John Worley/Online Transport Archive

Oben: Am 17. Mai 1960 fotografierte Charles Firminger die Lok 791 aus der VR-Baureihe Vr1 in Hyvinkää. Diese Tenderloks wurden ursprünglich als Klasse L1 bezeichnet und wiesen die Achsfolge C auf. Insgesamt wurden 43 dieser leistungsstarken Lokomotiven zwischen 1913 und 1927 von Oy Tampella Ab und Hanomag (Hannoversche Maschinenbau AG) gebaut, wobei das letzte Exemplar bis 1974 im Einsatz war. Wie auch andere Länder hinterstellte auch Finnland eine beträchtliche Anzahl von Dampflokomotiven als Teil einer strategischen Reserve für den Fall, dass das elektrifizierte Netz durch Krieg zerstört oder die Dieselversorgung eingeschränkt würde. Infolgedessen haben mehr als 15 Maschinen der Baureihe Vr1 in Finnland und anderswo überlebt – allerdings nicht Lok 791.
Charles Firminger/Bob Bridger Collection/Online Transport Archive

1011

763
772
1047

Links oben: Auf diesem Bild aus Riihimäki ist Lok 1011 mit dem Mittags-Zug von Haapamäki nach Helsinki am Haken abgebildet. Diese VR-Baureihe Hr1 (ursprünglich Baureihe P1) mit der Achsfolge 2'C1' umfasste insgesamt 22 Maschinen und wurde zwischen 1937 und 1957 von Oy Lokomo Ab und Oy Tampella Ab gebaut; die Type wurde nach Pejr Evind Svinhuvud, dem ehemaligen Präsidenten Finnlands (1931 — 1937), auch als »Ukko-Pekka« (»Opa Pekka«) bezeichnet. Obwohl alle Maschinen bis Ende 1971 abgestellt wurden, nahm die VR 1974 infolge der Ölkrise zwei davon vorübergehend wieder in Betrieb. Neben Lok 1011 in Otanmäki haben auch weitere Exemplare dieser Type bis heute überlebt.
Charles Firminger/Bob Bridger Collection/Online Transport Archive

Links unten: Drei Breitspur-Dampfloks der Valtionrautatiet (VR; Finnische Staatsbahn) fotografierte Les Folkard am 21. Mai 1962 vor dem Lokschuppen von Helsinki Pasila. Dort stehen die Tenderloks 763 und 772 (Achsfolge 1'D1') und Lok 1047 (Achsfolge 1'D1'). Nachdem ihre Loks im Nahverkehr von Helsinki durch geringe Geschwindigkeit und Leistung negativ aufgefallen waren, bestellte VR bei der Lokomotivfabrik Hanomag sechs Tenderloks (Nr. 761 bis 766), die 1924 geliefert und zunächst als Baureihe N1 (später als Baureihe Pr1) bezeichnet wurden. Weitere zehn Loks dieser Type – Nr. 767 bis 776 – wurden in Finnland in Lizenz von Oy Lokomo Ab und Oy Tampella Ab gebaut, wobei die letzte Maschine 1926 geliefert wurde. Meist war bei diesen Lokomotiven die Rauchkammer gen Helsinki ausgerichtet.

Die 1047 gehörte zu den 67 zwischen 1940 und 1957 gebauten Lokomotiven der Baureihe Tri (ursprünglich Baureihe R1), die die Firmen Oy Lokomo Ab und Oy Tampella Ab sowie der Lokomotivfabrik Arnold Jung lieferten. Lok 1096 war die letzte für die VR gebaute Dampflokomotive. Die letzten Exemplare dieses Typs wurden 1975 abgestellt, doch haben rund 20 Maschinen überlebt, darunter auch zwei – Nr. 1060 und 1077 – in Großbritannien.
Les Folkard/Online Transport Archive

Oben: Am 21. Mai 1962 wurde die Lok 764 aus der finnischen Baureihe Pr1 bei der Fahrt durch den nördlich des Stadtzentrums von Helsinki gelegenen Eisenbahnknoten Pasila mit seinen umfangreichen Gleisanlagen vor einem Zug Richtung Nordosten abgelichtet. Die Lok gehörte zu den in Deutschland gebauten Exemplaren dieser Baureihe. Ihr Einsatz im Vorortverkehr ging in den 1960er Jahren zurück, als die Elektrotraktion aufkam und die Dampflokomotiven danach zum Güterverkehr abwanderten. Alle wurden bis Ende 1972 ausgemustert; Lok Nr. 776 blieb museal erhalten.
Les Folkard/Online Transport Archive

Rechts: Im ersten Jahrzehnt des 20. Jahrhunderts erwarb VR drei Baureihen von Tenderloks mit der Achsfolge 1'C2'. Die erste Type lieferte die US-amerikanische Lokomotivfabrik Baldwin, während die beiden anderen Baureihen der finnische Hersteller Tampella fertigte. Lok 488 – hier in Mikkeli (rund 200 km nordöstlich von Helsinki gelegen) am 24. Mai 1962 – war eine von sieben Maschinen der zwischen 1906 und 1909 erbauten Baureihe I3 (später Klasse Vk3). Diese Type konnte entweder mit Kohle oder, wie bei der abgebildeten Lok, mit Holz befeuert werden. Der letzte dieser Art wurde 1964 abgestellt; Lok 489 blieb erhalten.
Les Folkard/Online Transport Archive

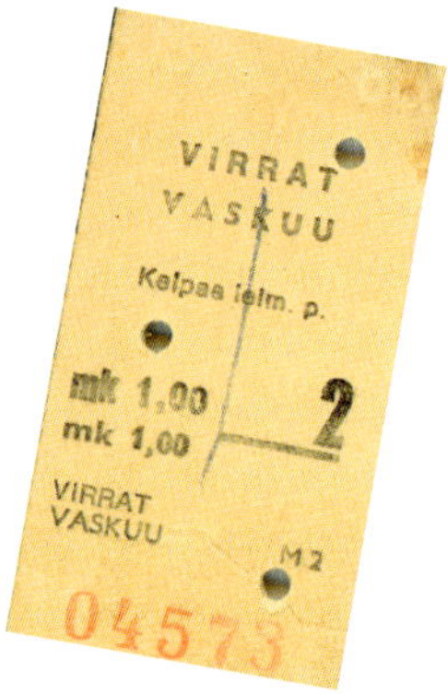

Rechts: Die holzgefeuerte Lok 852 (Achsfolge 1'D) steht nach der Ergänzung ihrer Vorräte vor dem Lokschuppen in Pieksämäki am 24. Mai 1962. Die Tk3-Klasse mit dem Spitznamen »kleiner Jumbo« wurde für den Güterverkehr konstruiert, wobei die ersten 100 Exemplare (800 bis 899) zwischen 1927 und 1930 und weitere 61 Exemplare zwischen 1943 und 1953 gebaut wurden. Damit ist diese die zahlenmäßig größte Dampflok-Baureihe, die ausschließlich in Finnland gebaut wurde. Mit ihrer geringen Achslast waren die Loks ideal für den Einsatz auf Nebenstrecken, obwohl sie auch Nahverkehrszüge auf Hauptstrecken beförderten. Alle Maschinen wurden bis Ende 1975 ausgemustert, doch sind noch 31 (!) Loks in Finnland, England und St. Petersburg erhalten; darunter allerdings nur zwei der ersten Bauserie.
Les Folkard/Online Transport Archive

Links: Am 25. Mai 1962 nahm Les Folkard die Loks 643 und 907 bei der Durchfahrt in Pitkälahti auf. Erstere gehörte zur Baureihe Hv3 (Achsfolge 2‘C) und letztere zur Baureihe Tv1 (Achsfolge 1‘D), die mit einem Schornstein mit Funkenschutz ausgestattet ist, was darauf hindeutet, dass sie mit Holz befeuert wird. Die Baureihe Hv3 war ursprünglich 1921 als Baureihe H9 für den Schnellzugdienst eingeführt worden und umfasste 24 Exemplare, die von verschiedenen Firmen gebaut wurden. Lok 643 lieferte L. Schwartzkopff in Berlin. Die letzten Exemplare wurden 1970 abgestellt; drei (781, 995 und 998) sind noch erhalten.

Die Baureihe Tv1 wurde zwischen 1917 und 1945 in 142 Exemplaren gebaut und war somit die zweitgrößte Dampflokbaureihe der VR. Ursprünglich als Baureihe K3 bezeichnet, erhielt sie später den Spitznamen »Jumbo«. Vor 1942 als Baureihe K3 bezeichnet, wurden diese Maschinen von fünf verschiedenen Herstellern gebaut. Die letzten Exemplare wurden Mitte der 70er Jahre ausgemustert. Vier Loks sind heute noch erhalten.
Les Folkard/Online Transport Archive

Oben: Die Baureihe Hv4 (Achsfolge 1‘C) wurde erstmals 1912 vorgestellt. Insgesamt 28 Exemplare dieser Baureihe wurden von Oy Lokomo Ab und Oy Tampella Ab gebaut. Die finnische Bezeichnung der Lokomotiven basierte auf der Art des Verkehrs und der Achslast, so dass bei dieser Klasse »H« für eine Tenderlokomotive steht, ergänzt durch das »v« für die Achslast (in diesem Fall 11 bis 14 Tonnen) und der Ziffer »4« für den vierten Typ der Reihe »HV«. Lok 745 – hier zu sehen am 26. Mai 1962 in Tampere — war für Holzfeuerung eingerichtet. Der große Schornstein sollte den Funkenflug verhindern. Er enthielt Lamellen, die so angeordnet waren, dass sie einen Wirbel im Qualm erzeugten, so dass alle Funken gelöscht wurden, bevor sie aus dem Schornstein entweichen konnten. Alle Maschinen dieses Typs wurden bis Ende 1964 ausgemustert, wobei die Loks 742 und 751 erhalten blieben.
Les Folkard/Online Transport Archive

Links: Zwischen 1901 und 1922 erwarb die Norsk Stats Jernbane (NSB; Norwegische Staatsbahnen) 42 Maschinen der Achsfolge C und verteilte diese auf die Unterbaureihe 25a, 25b, 25c, 25d und 25e. Die ersten wurden von der SLM in der Schweiz konstruiert und gingen somit auf die Schweizer Baureihe E3/3 zurück, die in der Schweiz vor allem im Rangierdienst eingesetzt wurden. Drei Loks dieses Typs wurden für den Einsatz auf der Flåmsbana (Flåmbahn) umgebaut, dazu gehörten die hier abgebildete Lok 422 sowie die Loks 424 und 425. Fünf weitere Maschinen wurden 1947 an die SBB verkauft, von denen Lok 227 erhalten blieb. Die gut 20 Kilometer lange Flåmsbana, die Myrdal mit Flåm verbindet, wurde 1940 eröffnet und schon drei Jahre später elektrifiziert. *LRTA (London Area) Collection/Online Transport Archive*

Rechts: Im Juli 1962 wurde Lok 158 aus der Baureihe 18c (Achsfolge 2'C) der Norsk Stats Jernbane (NSB; Norwegische Staatsbahnen) im Bahnhof Neleug aufgenommen. Ursprünglich als Baureihe 18a im Jahre 1900 eingeführt, wurden bis 1907 zehn Stück des Typs (Nummern 131 bis 138 sowie 157 und 158) hauptsächlich für den Einsatz auf den Nordbanen (Nordbahn) und ihren Strecken zwischen Grefsen-Røykenvik, Grefsen-Gjøvik und Reinsvoll-Skreia gebaut. Mit Ausnahme der Nummern 135 und 157 wurden alle diese Maschinen später umgebaut und in die Klasse 18c eingegliedert. Lok 158 war eine von zweien, die 1903 von der Eisengießerei Hamar gefertigt worden waren. Die Schwesterlokomotive Nr. 134 war bei ihrer Ausmusterung 1968 die älteste betriebsfähige Dampflokomotive der NSB. Von den ursprünglichen Lokomotiven der Baureihe 18a ist kein einziges Exemplar erhalten geblieben. Allerdings ist mit 255 eine der späteren Originallokomotiven der Baureihe 18c noch vorhanden. *Phil Tatt/Online Transport Archive*

Oben: Am 20. Mai 1962 fotografierte Les Folkard zwei Loks mit der Achsfolge 1'B2' der Trafikaktiebolaget Grängesberg-Oxelösund Järnväger (TGOJ; Grängesberg-Oxelösund-Bahn) in Eskilstuna, nördlich von Nyköping. Die Bahn, die erst Ende der 1980er Jahre nach dem Wiederaufbau der schwedischen Stahlindustrie Teil des nationalen Eisenbahnnetzes werden sollte, wurde schon 1896 gegründet, umfasste aber auch eine Reihe früher schon vorhandener Strecken. Das Kerngeschäft der Bahn war der Transport von Eisenerz von Bergslagen zum Eisenwerk in Oxelösund. Die Bahn verfügte über mehrere Tenderloks mit der relativ seltenen Achsanordnung 1'B2'; die beiden abgebildeten Maschinen 91 und 56 wurden beide von Motala Verkstad gebaut. Die 1930 hergestellte Lok 56 wurde zunächst an die Oxelösund-Flen-Västermanlands Järnväg (OFWJ; Oxelösundl-Flen-Västermanlandsbahn) geliefert und im folgenden Jahr an die TGOJ übergeben; sie wurde schließlich 1964 verschrottet. Lok 91 war etwas älter und schon 1923 bei der Landskrona-Lund-Trälleborg Järnväg (LLTJ; Landskrona-Lund-Trelleborg-Bahn) in Betrieb genommen worden; 1938 ging sie an die TGOJ über und blieb bis zu ihrer Abstellung im Jahr 1963 erhalten. Sie ist das einzige Exemplar, das noch vorhanden ist.
Les Folkard/Online Transport Archive

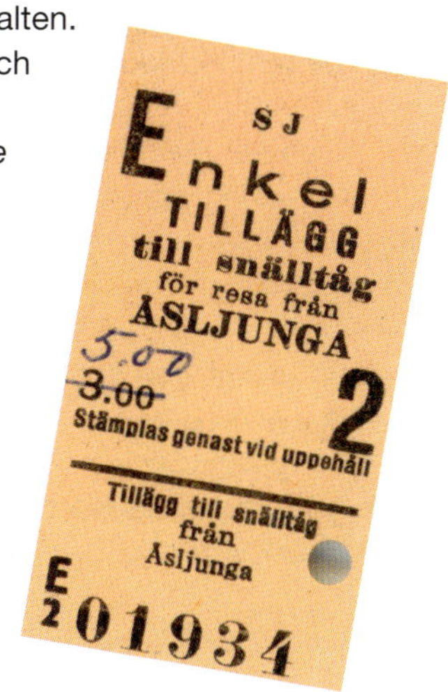

Oben: Um Eisenerz über die Strecke der Erzbahn von Kiruna zum dauerhaft eisfreien Hafen im norwegischen Narvik bis zur schwedischen Landesgrenze (schwedisch: Riksgränsen) transportieren zu können beschaffte Statens Järnvägar (SJ; Schwedische Staatsbahnen) die Baureihe Ma mit der Achsfolge 1'D. Zusätzlich wurde die ähnliche Baureihe Mb für den Verkehr auf der Malmbanan von Gällivare nach Luleå konstruiert. Zwischen 1902 und 1907 wurden zunächst 20 Maschinen der Baureihe Ma gebaut, eine weitere kam als Umbau von Lok 651 aus der Baureihe Mb hinzu. Nach der Elektrifizierung der Strecke von Kiruna bis zur Station Riksgränsen im Jahr 1922 wurde jedoch bis auf drei Maschinen die gesamte Baureihe bis etwa 1925 abgestellt und verschrottet. Zwei Exemplare (Nummern 657 und 917) wurden noch zur Klasse Md umgebaut, sie gingen aber bis Ende der 1930er Jahre ebenfalls den Weg des alten Eisens. Als einzige blieb Lok 779 erhalten. Sie wurde ursprünglich 1904 von Nohab gebaut und befindet sich im Eisenbahnmuseum von Tomteboda, wo sie am 28. Mai 1962 aufgenommen wurde.
Les Folkard/Online Transport Archive

Rechts oben: In den Jahren 1909 bis 1919 ließ die Statens Järnvägar (SJ; Schwedische Staatsbahnen) insgesamt 96 Maschinen der Baureihe B (Achsfolge 2'C) bei Motala Verkstad bzw. Nydqvist och Holm AB (NOHAB) bauen. Diese Type konnte sowohl im Personen- als auch im Güterverkehr eingesetzt werden und erwies sich als technisch zuverlässig und ausgereift. In den 1930er Jahren wurden elf Loks dieser Art an Privatbahnen verkauft, von denen allerdings zehn später nach der Verstaatlichung der Eisenbahnen noch einmal in das Eigentum der SJ zurückkehren sollten. So waren 1936/37 vier dieser Loks von der Stockholm-Västerå-Bergslagens Järnväg (SWB) erworben worden. Diese betraute dann 1943/44 die NOHAB mit der Aufgabe, noch einmal drei baugleiche Maschinen nachzubauen. Dieses Trio wurde bei der SJ später unter den Nummern 1695 bis 1697 eingereiht. Das Foto zeigt Lok 1696 am 30. Mai 1962 in Rättvik, in der Provinz Dalarna (dem Haupteinsatzgebiet der drei Loks im Güterverkehr der 1960er Jahren). Einige Maschinen der Baureihe B wurden von der SJ nach Einstellung des regulären Dampfbetriebs als Teil der strategischen Reserve des Landes beibehalten und erst nach 1990 endgültig ausgemustert. Doch erst 2016 ließ Schweden die allerletzten Loks aus seiner strategischen Reserve verschrotten. Dank ihrer Langlebigkeit ist heute noch eine beträchtliche Anzahl von Lokomotiven der Klasse B erhalten, so auch Lok 1696, die heute zum schwedischen Eisenbahnmuseum gehört.
Les Folkard/Online Transport Archive

Unten: Nachdem auf dem norwegischen Teil der Erzbahn stärkere Maschinen zum Einsatz kamen, brauchte die SJ für die entsprechend längeren Züge ebenfalls leistungsfähigere Maschinen. In Anlehnung an die früher beschafften Loks der Achsfolge 1'D erwarb SJ daher in den Jahren 1908 und 1909 fünf kräftige Maschinen mit der Achsfolge E und gab ihnen die frei gewordene Baureihen-Bezeichnung R. Die ersten beiden Loks (974 und 975) waren von AB Motala Verkstad gebaut worden, während die restlichen drei (976 bis 978) von Nohab gefertigt wurden. Es waren die leistungsstärksten Dampfloks der SJ. Doch eine weitere Beschaffung dieser Type erfolgte nicht, da die frühe Elektrifizierung der Erzbahn sie überflüssig machte. Nachdem die Baureihe zur Norra Stambanan (Nördliche Hauptstrecke) umgesetzt worden war, wurden die beiden von Motala gebauten Exemplare 1935 an die Gävle-Dala Järnväg (Gävle-Dala-Bahn) verkauft; 1948 wurde eine davon verschrottet und die andere (Lok 975) an die SJ zurückgegeben. Das Bild zeigt Lok 977 am 30. Mai 1962 bei Korsnäs an der finnisch-schwedischen Grenze. Zu dieser Zeit waren die vier übrigen Loks der Baureihe R noch einmal vor Kalkzügen zwischen Falun und Rättvik zu sehen, bevor sie endgültig abgestellt wurden. Nr. 975 wurde noch gegen die dänische Lok 964 (ehemals SJ-Baureihe F) getauscht, aber schon 1963 in Dänemark verschrottet. Die schwedischen Loks 977 und 978 ereilte dieses Schicksal zehn Jahre später. Lok 976 blieb dagegen erhalten und gehört heute zum Eisenbahnmuseum in Gävle. *Les Folkard/Online Transport Archive*

Rechts: Am 1. Juni 1962 gelang Les Folkard diese Aufnahme von zwei Tenderloks der SJ in Malmö. Im Zuge der Verstaatlichung der Malmö-Ystads Järnväg (Malmö-Ystad-Bahn) und Ystad-Eslövs Järnväg (Ystad-Eslövs-Bahn) im Jahr 1941 erwarb die SJ sechs leistungsstarke Tenderloks der Achsfolge 1'C1' für den Nebenbahnverkehr und reihte sie als Baureihe S6 und den Nummern 1614 bis 1619 ein. Diese Maschinen wurden zusammen mit der ähnlichen Baureihe S4 (Nummern 1610 bis 1613, ab 1947 auch als S6 bezeichnet) auf den Nebenstrecken in Südschweden eingesetzt, bis diese in den 1950er Jahren stillgelegt wurden. Sie wurden danach als Teil der strategischen Reserve vorgehalten, bis man sie Anfang der 1970er Jahre verschrottete. Heute noch vorhanden ist die Lok 1611, die nach Gastspielen bei der Museumsbahn Helsingborg und der Angelner Dampfeisenbahn 2002 zur Museumsbahn S·T·A·R in den Niederlanden kam, wo seit vielen Jahren an ihrer Generalüberholung gearbeitet wird.

Lok 1245 war eine von 44 Tenderlokomotiven der Klasse Na, die von der älteren Baureihe N abgeleitet wurde. Beide besaßen die Achsfolge D. Ursprünglich waren diese Loks 1900 für Nachschubdienste und Rangieraufgaben entwickelt worden, aber sie erwiesen sich bald als vielseitig einsetzbar und so wurden zwischen 1912 und 1920 weitere 20 Exemplare gebaut; 44 Maschinen wurden zwischen 1922 und 1932 mit einem Überhitzer ausgerüstet. Die meisten der bei Werften und Hafenanlagen verwendeten Loks wurden Anfang der 1970er Jahre verschrottet und so sind nur drei Exemplare (576, 641 und 1169) bis heute noch erhalten geblieben. Die abgebildete Lok 1245 wurde 1915 von der Stockholmer Aktiebolaget Atlas gefertigt und ein Jahrzehnt später umgebaut. Sie wurde 1973 abgestellt und verschrottet.
Les Folkard/Online Transport Archive

Oben: Die Byvalla-Långshyttans Järnväg, deren 891 mm breite Gleise sich über 28 Kilometer Länge erstrecken, wurde für das Eisenbergbaugebiet Rällingsberg in und um Långshyttan gebaut. Der erste Abschnitt der Strecke wurde am 1. Mai 1891 für die Güterzüge freigegeben, die ab dem 3. Mai 1893 oftmals auch Personenwagen mitführten. Der Großteil der Strecke wurde am 13. November 1964 stillgelegt und zwischen 1965 und 1967 abgebaut; der letzte Abschnitt, der den Hochofen bei Klosterverken in Långshyttan bediente, blieb noch bis zum 11. November 1971 bestehen. Auf der Strecke waren zehn Lokomotiven im Einsatz, die bis auf Lok 5 *Thor* (Achsfolge 1'D) alle Tenderlokomotiven waren. Im Jahre 1963 erreicht die Schlepptenderlok die Station Långshyttan. Das Gebäude ist noch heute erhalten. Lok 5 wurde 1909 von Falun gebaut und blieb bis zur Einstellung der Strecke in Betrieb; sie wurde mehrere Jahre lang vor dem stillgelegten Bahnhof ausgestellt und 1974 an die Museumsbahn Uppsala – Länna verkauft.
Charles Firminger/Bob Bridger Collection/Online Transport Archive

Oben: Die Isle of Wight nennt ein kleines Eisenbahnnetz ihr eigen, das physisch vom britischen Streckennetz getrennt ist, obwohl es auch einmal Pläne gab, beide durch einen Tunnel unter dem Solent – der Meerenge, die beide Inseln voneinander trennt – zu verbinden. Obwohl ein Großteil der Bahnlinien auf der Insel bis Anfang der 1960er Jahre stillgelegt worden war, überlebten zunächst die beiden Strecken von Cowes nach Ryde über Newport und von Ryde nach Ventnor. Auf dem Foto führt Tenderlok W33 *Bembridge* (Achsfolge B2‘) einen Zug von Cowes ostwärts nach Ryde und passiert dabei gerade nahe Newport den Fluss Medina. Beide Streckenabschnitte wurden im März 1963 im berüchtigten Beeching-Report (*The Reshaping of British Railways*) zur Stilllegung vorgeschlagen, doch wurde dann der Abschnitt Ryde – Shanklin der Strecke nach Ventnor mit seitlichen Stromschienen elektrifiziert und fortan mit gebrauchten Londoner U-Bahn-Wagen betrieben; der Einsatz der Kleinprofilfahrzeuge war notwendig, da das Lichtraumprofil auf der Insel durch den schmalen Ryde Tunnel begrenzt war und British Railways für den neuen Betrieb kein geeignetes Rollmaterial zur Verfügung stand. Die Strecke wird aktuell modernisiert. Der Betrieb von Cowes nach Ryde wurde dagegen am 21. Februar 1966 eingestellt. Die Schwesterlokomotive Nr. W24 *Calbourne* überlebt gut konserviert auf der Isle of Wight Steam Railway.
Marcus Eavis/Online Transport Archive

Oben: Solange der Lokführer mit Lok 1369 der ehemaligen Great Western Railway (GWR) im Jahr 1960 entlang des Custom House Quay in Weymouthmit dampft, muss der Ford Popular 790DYD mit seinen Fahrgästen warten. Insgesamt sechs Tenderloks der kleinen Baureihe '1366' wurden 1934 in Swindon gebaut. Sie waren mit ihrem kurzen Radstand und ihrer leichten Achslast ideal für den Einsatz auf Hafenlinien wie der sog. Harbour Tramway in Weymouth. Einige Exemplare, darunter auch Lok 1369, wurden mit Glocken (sichtbar direkt vor dem Führerhaus unterhalb des Wassertanks) und Dampfheizung für den Einsatz in den Fährzügen zu den Kanalinseln zum und vom Kaibahnhof ausgestattet. Die im November 1964 ausgemusterte Lok 1369 ist auch das einzige Exemplar der Klasse, das heute noch erhalten hat. Die Weymouth Harbour Tramway wurde 1865 von der GWR eröffnet; der Linienverkehr wurde dort 1987 eingestellt und der allerletzte Zug fuhr auf der Strecke am 2. Mai 1999. Ihre Gleise liegen noch immer, doch gibt es derzeit keinen Betrieb.
Charles Firminger/Bob Bridger Collection/Online Transport Archive

Oben: Die Hemyock-Linie in Devon – auch als Culm Valley Light Railway bekannt – wirkte bereits in den 1960er Jahren wie eine anachronistische Überlebende. Die am 29. Mai 1876 eröffnete Zweigstrecke begann in Tiverton Junction. Sie wurde von Anfang an von der GWR betrieben und 1948 von British Railways (Western Region) übernommen. Für den profitabelsten Verkehr auf der Strecke sorgte die Molkerei mit dem Versand ihrer Milch in dreiachsigen Kühlwagen, die in den Personenzügen mitgeführt wurden. Diese Molkerei ist im Hintergrund dieser 1960 aufgenommenen Ansicht von Hemyock zu sehen. Die übliche Zugmaschine in den letzten Jahren des Dampfbetriebs war die abgebildete, winzige Tenderlok der Baureihe »1400« mit der Achsfolge B1‘. Diese zwischen 1932 und 1936 in Swindon gebaute Baureihe umfasste insgesamt 75 Maschinen, die für den Einsatz auf Nebenstrecken vor allem vor Personen- und Güterverkehr konzipiert worden waren. Zum Zeitpunkt der Aufnahme näherte sich der Personenverkehr auf Zweigstrecke nach Hemyock schon dem Ende; dieser wurde am 7. September 1963 eingestellt und der verbleibende Güterverkehr danach mit Diesellokomotiven abgewickelt. Die letzten Milchzüge fuhren am 31. Oktober 1975.
Charles Firminger/Bob Bridger Collection/Online Transport Archive

Oben: Die Nebenstrecke nach Lyme Regis, die durch die Grafschaften Devon und Dorset führte, war eine relativ späte Ergänzung des Eisenbahnnetzes und wurde erst 1903 von der London & South Western Railway eröffnet. Mit starken Steigungsabschnitten und scharfen Kurven war diese Zweigstrecke lange die Domäne der von William Adams entworfenen schweren Tenderloks mit der Achsfolge 2'B1'. Doch mit begrenzten Investitionen in den 1950er Jahren wurde die Zweigstrecke derart ertüchtigt, dass modernere und schwerere Lokomotiven eingesetzt werden konnten – wie etwa die abgebildete, von Ivatt entwickelte Tenderlok 41307 (Achsfolge 1'C1'), die 1961 an der Endstation steht. Der Einsatz dieser Lokomotiven begann 1960, sollte aber durch die baldige Ankunft von Dieseltriebzügen bis Ende 1963 nur von kurzer Dauer sein. Als eine der zahlreichen im Beeching-Report zur Stilllegung empfohlenen Nebenstrecken wurde der Personenverkehr dort am 29. November 1965 eingestellt. Das Bahnhofsgebäude von Lyme Regis sollte jedoch erhalten bleiben; da es aus Holz gebaut war, wurde es demontiert, abtransportiert und in Alresford an der erhalten gebliebenen Mid-Hants-Railway wieder aufgebaut. *Marcus Eavis/Online Transport Archive*

Oben: Eine von den beiden Schmalspurbahnen in Wales, die 1948 von der Great Western an British Rail überging, war die Welshpool & Llanfair. Diese Bahnlinie mit der Spurweite 762 mm (2ft 6in) wurde am 4. April 1903 eröffnet und stellte eine Verbindung durch das Banwy-Tal von Llanfair Caereinion nach Welshpool her, wo sie auf die Normalspurstrecke von Shrewsbury nach Aberystwyth traf. 1948 wurde die Strecke von der Great Western an British Railways (Western Region) übergeben. Obwohl der Personenverkehr schon am 9. Februar 1931 eingestellt worden war, wurde der Güterverkehr noch ein Vierteljahrhundert lang fortgeführt. Mitte der 1950er Jahre war der Verkehr rückläufig, und so wurde die Stilllegung der Strecke beschlossen; der letzte Güterzug fuhr am 3. November 1956. Dies war jedoch nicht das Ende der Geschichte, denn es wurde eine private Gesellschaft zum Erhalt gegründet, um die Linie zu übernehmen. Anlässlich der Jahreshauptversammlung der Gesellschaft Anfang 1962 wurde eine der beiden originalen Tenderlokomotiven, ein Dreikuppler, in Betrieb genommen. Lok 882 *The Earl*, die 1902 von der in Manchester ansässigen Firma Beyer Peacock geliefert worden war, wurde kurz zuvor überholt und nach Welshpool zurückgeführt. Die Lok ist hier auf dem Abschnitt zu sehen, der vom Abzweigbahnhof der Hauptlinie nach Norden direkt auf der Straße verlief. Als 1962 zwischen dem Museumsverein und British Railways der Pachtvertrag für die Eisenbahn abgeschlossen wurde, wurde der Abschnitt vom Hauptbahnhof bis zur zukünftigen Endstation der erhaltenen Strecke am Raven Square von der Übernahme ausgeschlossen und – nachdem 1963 noch Fahrzeuge überführt worden waren – offiziell aufgegeben und abgebaut.
Phil Tatt/Online Transport Archive

Links: Von Frederick Hawksworths Lokbaureihe mit dem Spitznamen 'Umgebaute Halle' (Achsfolge 2'C) wurden für die Great Western Railway zwischen 1944 und 1950 insgesamt 71 Loks gebaut. Die in Worcester stationierte Coney Hall (7920) – hier zu sehen, wie sie im April 1963 mit einem Güterzug durch Swindon fuhr – wurde im September 1950 in den Swindon Works gebaut. Wie viele der nach dem Zweiten Weltkrieg in Großbritannien gebauten Dampflokomotiven war Lok 7920 nur eine relativ kurze Betriebskarriere bestimmt; sie wurde im Juni 1965 endgültig abgestellt. Sieben Loks blieben erhalten.
Phil Tatt/Online Transport Archive

Links: Nur relativ wenige Eisenbahnlinien in Kent und Sussex verloren ihren Personenverkehr als Folge der Rationalisierungsmaßnahmen, die der »Beeching-Report« vom März 1963 bewirkte. Eine der wenigen dennoch geschlossenen Strecken war die Überlandroute von Three Bridges nach Tunbridge Wells Central über East Grinstead Low Level. Auf deren westlichem Abschnitt wurde der Personenverkehr am 2. Januar 1967 eingestellt. Etwa drei Jahre zuvor wurde im Juni 1963 Lok 30053 aus der Baureihe M7 (Achsfolge B2') in Grange Road mit einem ostwärts fahrenden Zug fotografiert; dies war die erste Zwischenstation östlich von Three Bridges. Insgesamt 105 dieser von Dugald Drummond konstruierten Tenderloks wurden zwischen 1897 und 1911 für die London & South Western Railway produziert; Lok 30053 wurde 1905 im Werk Nine Elms fertiggestellt und sollte eine der letzten eingesetzten Maschinen dieser Baureihe sein. Die im Mai 1964 abgestellte Lokomotive blieb erhalten und befand sich zwischen 1967 und 1987 in den USA. Nach ihrer Repatriierung tut die Lokomotive nun auf der Swanage Railway Dienst.
Phil Tatt/Online Transport Archive

Links: In der Station Talyllyn Junction steht ein ostwärts fahrender Zug mit der von Ivatt entwickelten Lok 46511 aus der Baureihe 2MT (Achsfolge 1'C) mit zwei Personenwagen am Haken. Die Lok war eines von 128 Exemplaren dieser Reihe, die zwischen 1946 und 1953 gebaut wurden und mit ihrer geringen Achslast für den Einsatz auf Hauptbahnen mit leichtem Oberbau und auf Nebenstrecken prädestiniert waren. Der Bahnhof Talyllyn Junction lag 6,4 km östlich von Brecon. Wiederum etwas östlich des Bahnhofs befand sich ein Knotenbahnhof, der die am 1. Mai 1863 eröffnete Brecon & Merthyr Railway mit der Mid-Wales Railway verband, die am 23. August 1864 eröffnet wurde. Beide Eisenbahnen gingen 1923 an den Great Western und damit bei der Verstaatlichung im Jahr 1948 an die British Railways (Western Region) über. Zum Zeitpunkt der Aufnahme näherten sich beide Strecken bereits ihrem Ende, da der Personenverkehr am 31. Dezember 1962 eingestellt wurde. Sieben dieser Loks sind heute noch erhalten.
Charles Firminger/Bob Bridger Collection/Online Transport Archive

Rechts: Zwischen 1951 und 1961 wurden von British Railways insgesamt 999 Standardlokomotiven nach den Entwürfen von Robert A. Riddles gebaut. Die größte Konstruktion waren die Güterzugloks der Baureihe 9F (Achsfolge 1'E), von der 251 Exemplare zwischen Januar 1954 und März 1960 fertig gestellt wurden. Die in vielen Regionen anzutreffende Type – so fand man sie z.B. vor den Eisenerzzügen der Stahlwerke von Tyne Dock nach Consett – wurde in begrenztem Umfang auch im Personenverkehr eingesetzt, insbesondere auf der Strecke von Bath nach Bournemouth. Die letzte Lok dieser Baureihe – und gleichzeitig die letzte für BR gebaute Dampflokomotive – war Lok 92220, die von den Swindon-Werken gefertigt wurde und den passenden Namen *Evening Star* trug. Dieser *Abendstern* war die einzige Lok dieser Baureihe, die in BR-Diensten einen Namen erhielt. Die Maschine ist hier bei Templecombe im August 1963 zu sehen. Wie bei den meisten Loks dieser Baureihe war ihre Einsatzzeit kurz, denn sie wurde bereits im März 1965 abgestellt. Sie ist als Teil der Nationalen Sammlung von Eisenbahnfahrzeugen des Vereinigten Königreichs erhalten und gehört damit zu den neun bis heute erhaltenen Exemplaren dieser Baureihe.
Phil Tatt/Online Transport Archive

Rechts: Die 1929 erstmals vorgestellte Class 5700 der Great Western Railway (Achsfolge C), war eine der zahlenmäßig größten, die je in Großbritannien produziert wurde: Insgesamt 863 Exemplare wurden bis 1950 gebaut. Diese Type war im GWR-Netz sowohl vor Personen- als auch vor Güterzügen im Einsatz und wurde nach Übergang auf British Railways im Jahr 1948 auch auf Strecken eingesetzt, die nicht zum ehemaligen Netz der GWR gehörten. Diese Aufnahme Zeigt die 1936 gebaute Lok 9780 abfahrtbereit im Bahnhof Swansea Victoria in Swansea. Der ursprünglich am 14. Dezember 1867 von der Llanelly Railway & Dock Co. eröffnete Bahnhof befand sich zwischen 1873 und 1923 zunächst im Besitz der London & North Western Railway und gehörte zwischen 1923 und 1948 zur London, Midland & Scottish Railway, bis sie auf die British Railways überging. Die Station wurde am 15. Juni 1964 geschlossen und abgebaut; der größte Teil der dazugehörigen Strecke – die Central Wales-Linie nach Shrewsbury – ist jedoch noch erhalten.
Phil Tatt/Online Transport Archive

Oben: Am 27. Juli 1963 wartet einer der winzigen »Terrier« genannten Tenderloks (Achsfolge C) auf die Abfahrt von Hayling Island, wo sich die Endstation der Zweigstrecke von Havant befand. Die abgebildete, ursprünglich für die London, Brighton & South Coast Railway gebaute Lok 32646 entwarf William Stroudley; die Baureihe wurde zwischen 1872 und 1880 in den Brighton Works gefertigt. Obwohl die erste Lok dieser Reihe bereits 1901 abgestellt worden war, erlebten mehrere Loks sogar noch die Zeit der British Railways nach 1948. Zu ihrem letzten Aufgabenbereich gehörte der Dienst auf der Nebenbahn nach Hayling Island, bis diese am 4. November 1963 stillgelegt wurde. Auf dieser Strecke befand sich die hölzerne Pfahlstrecke von Langstone über den Meeresarm zwischen dem Festland und Hayling Island, so dass auf dieser Strecke der Einsatz schwerer Lokomotiven ausgeschlossen war. Nicht weniger als zehn Exemplare dieser Baureihe – darunter auch die abgebildete Lok 32646 – sind bis heute erhalten. Lok 32646 ist heute wieder als Lok W8 Freshwater auf der Isle of Wight im Einsatz, wo sie schon bis 1949 Dienst getan hatte.
Roy Hobbs/Online Transport Archive

Oben: Am 10. September 1964 dampft Lok 2895 (Class 2800; Achsfolge 1'D) aus der Halle des Hauptbahnhofs von Gloucester heraus, während sich der Heizer von Lok 6956 Mottram Hall um die Kohle im Tender kümmert und die Lokomotive Wasser nimmt. Die »Hall« war eine der letzten der von Collett entworfenen Loks nach einem unveränderten Design mit der Achsfolge 2'C, bis diese von Hawksworths »Modifizierter Hall«-Baureihe abgelöst wurde. 6956 wurde im März 1943 in den Swindon-Works gebaut. Die Baureihe 2800 wurde ursprünglich von George Jackson Churchward entworfen und 1903 eingeführt. Sie war die erste Güterzuglok mit der Achsfolge 1'D in Großbritannien. Lok 2895 war jedoch eine von 83 Loks, die nach den von Charles Colletts überarbeiteten Konstruktionsplänen als Baureihe 2885 zwischen 1938 und 1942 gebaut wurden. Die Maschinen dieser Serie waren etwas schwerer als das Original und verfügten über Seitenfenster. Einige Loks wurden während der Kohlekrise von 1947 kurzzeitig auf Ölfeuerung umgerüstet, waren aber schon bis Ende des folgenden Jahres alle wieder auf Kohlefeuerung zurückgebaut worden. *Marcus Eavis/Online Transport Archive*

123

Links: In den späten 1950er Jahren restaurierte die Scottish Region von British Railways vier historische Lokomotiven in ihrem historischen Erscheinungsbild, die ursprünglich von den Eisenbahngesellschaften vor der Gründung der sogenannten »Big Four« im Jahr 1923 gebaut worden waren. Mehrere Jahre lang wurde dieses Quartett für ausgedehnte Sonderfahrten durch die Region eingesetzt und lockte dabei eine große Anzahl von Fans nach Schottland, die diese Loks in Aktion erleben wollten. Hier sind zwei dieser vier Loks am 19. April 1965 bei den Osterfahrten in Carstairs zu sehen — Lok 123 der ehemaligen Caledonian Railway (Achsfolge 2'B1') und Lok 49 *Gordon Highlander* der ehemaligen Great North of Scotland Railway. Carstairs ist der Knotenpunkt der Westküsten-Hauptstrecke, wo die Route der Caledonian Railway nach Edinburgh von der Hauptstrecke nach Glasgow Central abzweigte. Die Nr. 123 wurde von Dugald Drummond entworfen und 1886 von Neilson & Co. in Glasgow gebaut. Das Einzelstück sollte eigentlich hauptsächlich auf Ausstellungen gezeigt werden und so wurde sie 1935 zunächst konserviert; 1958 wurde sie wieder angeheizt und blieb bis zum Ende des Dampfbetriebes der Scottish Region im Jahr 1967 in Betrieb. Heute steht die Lok im Glasgow Riverside Museum.

Lok 49 gehörte zu der acht Maschinen umfassenden Baureihe F (später bei der London & North Eastern Railway als D40 bezeichnet), die in den Jahren 1920 und 1921 gebaut wurde; im Juni 1958 erhielt die Lokomotive bei ihrer Überholung eine Fantasielackierung, denn ursprünglich war sie 1920 im Neuzustand mit schwarzem Anstrich ausgeliefert worden. Sie ist jetzt im Schottischen Eisenbahnmuseum in Bo'ness stationiert. Die beiden anderen für dieses Fahrtenprogramm restaurierten Lokomotiven waren übrigens die Lok 256 der North British Railway (Achsfolge 2'B) *Glen Douglas* und die Lok 103 der Highland Railway (Achsfolge 2'C), die auch auf den Namen »Jones Goods« hörte.

Charles Firminger/Bob Bridger Collection/Online Transport Archive

Links: Nach der Verdieselung der Hauptstrecke an der Ostküste (East Coast Mainline) von King's Cross nach Edinburgh verloren die legendären Pacifics der Reihe A4 ihr wichtigstes Einsatzgebiet, so dass eine Reihe von ihnen abgestellt wurde. Einige erwartete aber noch ein »Goldener Herbst« vor Expresszügen zwischen Glasgow und Aberdeen in Schottland. Für diese Aufgaben wurde unter anderem Lok 60024 *Kingfisher* nach Schottland versetzt, die hier in Stirling im September 1965 mit einem Zug in Richtung Glasgow zu sehen ist. Zum Zeitpunkt der Aufnahme näherten sich die mit der Baureihe A4 betriebenen Glasgow-Aberdeen-Züge selbst ihren letzten Einsatzmonaten und so wurde die letzte der Loks im klassischen Stromlinien-Design der 30er Jahre im September 1966 abgestellt.
Das 1848 eröffnete Bahnhofsgebäude von Stirling wurde 1916 nach Plänen von James Miller komplett umgebaut. In dieser Form ist es bis heute erhalten und steht nun unter Denkmalschutz.
Charles Firminger/Bob Bridger Collection/Online Transport Archive

Rechts: Lok 73117 *Lyonesse* aus der BR-Standardbaureihe 4 (Achsanordnung 2'C) steht im September 1966 am Richtungsbahnsteig von Dorcester Süd mit einem Zug in Richtung Southampton. Der Bahnhof wurde ursprünglich von der Southampton & Dorchester Railway (später London & South Western Railway) am 1. Juni 1847 als Endstation eröffnet und in Richtung Exeter ausgerichtet, weil ursprünglich geplant war, die Strecke nach Westen weiterzubauen. Die Strecke wurde schließlich jedoch in Richtung Südwesten bis Weymouth verlängert, so dass der Richtungsbahnsteig nach Süden an der neuen Durchgangsstrecke errichtet wurde, die 1878 eröffnet wurde.

Lok 73113 gehörte zu einer Baureihe von 172 Lokomotiven, die für den Streckendienst im gemischten Verkehr ausgelegt waren und zwischen April 1951 und Mai 1957 entweder in Derby oder in Doncaster gebaut wurden. Nach dem Rückzug der alten »König Artus«-Baureihe erhielten einige der Lokomotiven der Southern Region – darunter auch Lok 73113 – ab 1959 die Namen dieser abgestellten Baureihe.
Marcus Eavis/Online Transport Archive

Oben: Nach der Abstellung durch British Railways im Januar 1963 wurde Lok 60103 der Baureihe A3 (Achsanordnung 2'C1') vom inzwischen verstorbenen Alan Pegler zur Erhaltung erworben. Die Lok galt schon damals als eine der berühmtesten Dampflokomotiven Großbritanniens. Gleichzeitig war sie die älteste erhaltene »Pacific« nach Entwürfen von Sir Nigel Gresley für die Region London. Eigentlich hatte BR ursprünglich beschlossen, die Lokomotive zu verschrotten. Sogar ein erster Spendenaufruf war zuvor gescheitert, der die damals hohe Summe von 3000 Pfund Sterling zu ihrer Erhaltung aufbringen sollte. Die Lokomotive wurde unter der Nummer 4472 in LNER-Lackierung restauriert und beförderte dann noch bis 1969 Fernzüge – als der Dampfbetrieb auf der Hauptstrecke längst Geschichte war. Pegler verfügte über einen Vertrag, der einen solchen Einsatz sogar bis 1972 erlaubte. Der Abbau der Stellen zum Wassernehmen nach Aufgabe der Dampftraktion erwies sich jedoch bald als Herausforderung. So erwarb Pegler 1966 einen zweiten Tender und so ist auf diesem Bild aus dem Jahr 1967 die Lokomotive mit zwei Tendern kurz vor der Abfahrt aus Norwich mit einem Sonderzug zu sehen. 1969 wurde Lok 4472 nach Amerika verschifft, von wo sie nach verschiedenen Problemen leider erst 1973 zurückkehren sollte.
Harry Luff/Online Transport Archive

Rechts: Obwohl der Nordwesten Englands eigentlich das letzte Zentrum des Dampfbetriebs der British Railways war, wurde die letzte Hauptlinie, auf der Dampf dominierte, die von London Waterloo nach Bournemouth und Weymouth. Der Dampfbetrieb über diese Hauptstrecke der South Region wurde im Juli 1967 eingestellt. Kurz vor dessen Ende wartet der Lokführer von Lok 34025 *Whimple* in der Waterloo Station auf das Abfahrtssignal. Diese von Oliver Bulleid entworfene und später umgebaute Lok der »West Country«-Baureihe gehörte zu Bulleids leichten »Pacific«-Baureihen (»West Country«- und »Battle of Britain«-Klasse) und wurde zwischen 1945 und 1951 fertiggestellt. Die Lokomotiven wurden von Anfang an mit einer aerodynamisch optimierten Verkleidung ausgestattet und enthielten eine Reihe von Neuerungen. Diese verursachten jedoch Probleme und so wurden ab 1957 insgesamt 60 Exemplare (darunter auch Lok 34025) mit modifizierter Ventilsteuerung und geänderten Aufbauten umgebaut. Mehrere Loks dieses Typs sind in der originalen und der umgebauten Bauform erhalten, allerdings nicht Lok 34025.
Marcus Eavis/Online Transport Archive

Links unten: Obwohl der Dampfbetrieb auf Fernstrecken der British Railways im August 1968 eingestellt wurde, bedeutete dies noch nicht das Ende der Dampftraktion im britischen Eisenbahnnetz. Dampfloks fand man zum Beispiel weiterhin auf der Vale of Rheidol Railway, einer knapp 19 Kilometer langen Schmalspurstrecke, die 1989 wieder privatisiert wurde. Die ursprünglich im späten 19. Jahrhundert vorgeschlagene Strecke von Aberystwyth nach Devil's Bridge konnte erst im August 1902 für den Güterverkehr und vier Monate später für den Personenverkehr eröffnet werden. Obwohl der Güterverkehr nie das von den Befürwortern der Strecke erwartete Niveau erreichte, brachte der Touristenverkehr der Strecke wirtschaftlichen Erfolg. Deshalb behielt sie im Gegensatz zu anderen walisischen Schmalspurbahnen ihren Personenverkehr. In die 1923 von der Great Western Railway übernommene Strecke wurde nach der Zusammenlegung der kleineren Eisenbahnlinien zu den sogenannten »Big Four« erheblich von den neuen Eigentümern investiert. Dazu gehörte auch die Anschaffung von drei neuen Tenderloks mit der Achsfolge 1'C1' in den Jahren 1923 und 1924. Die jüngste Lok dieses Trios – No 9 *Prince of Wales* – ist hier am 12. September 1967 zu sehen, als sie in Aberfrydd Wasser fasste.
John Worley/Online Transport Archive

Oben: Obwohl die ehemalige Hauptstrecke der London & South Western von London Waterloo nach Bournemouth und Weymouth die letzte große Magistrale in Großbritannien war, auf der die Personenzüge noch mit Dampf befördert wurde, lag das letzte große Zentrum des Dampfbetriebs eigentlich im Nordwesten Englands, vor allem auf der Hauptstrecke nördlich von Crewe in Richtung Carlisle. An der Steilrampe nach Shap hatten die Dampfloks von British Railways (Region London Midland) bis August 1968 ihre letzten großen Einsätze. John Worleys Bild vom September 1967 zeigt einen Güterzug in Richtung Süden, der gerade den Scheitelpunkt bei Shap passiert hat. An der Spitze des Zuges befindet sich mit Lok 45349 eine der klassischen »Black Five« (Achsfolge 2'C) von Sir William Stanier, die erst im Mai 1937 von Sir W. G. Armstrong Whitworth & Co Ltd geliefert worden war. Der Heizer kann sich an diesem Punkt nach seiner Schufterei für den Aufstieg von Penrith entspannen, weist diese Strecke doch auf rund 16 Kilometern eine kräftige Steigung von 1:125 auf. Zum Datum der Aufnahme war das Ende von Lok 45349 bereits absehbar; sie wurde nur zwei Monate später abgestellt.
John Worley/Online Transport Archive

Oben: 1955 starteten die British Railways die Umsetzung ihres Modernisierungsplans, der vorsah, die Dampftraktion baldmöglichst durch Diesel- und Elektroloks zu ersetzen. Durch die umfangreichen Streckenstilllegungen in den 1960er Jahren endete der Dampfbetrieb auf den Fernstrecken des BR-Netzes viel früher als ursprünglich geplant. Als Konsequenz wurden viele in den 1950er Jahren gebaute Dampflokomotiven schon nach weniger als einem Jahrzehnt im Einsatz wieder ausgemustert und verschrottet.

Am 11. August 1968 beförderte BR den »Fifteen Guinea Special« vom Bahnhof Liverpool Lime Street nach Carlisle und zurück; dies war der letzte dampfgeführte Fernreisezug von British Rail; am nächsten Tag wurde ein Dampfverbot verhängt. Vier Lokomotiven wurden für diese Zugleistung eingesetzt; darunter zwei von William Staniers »Black Five« (Loks 44871 und 44781) mit der Achsfolge 2'C, die als Doppeltraktion die Rückfahrt von Carlisle nach Manchester Victoria zogen. Die Abbildung zeigt das Duo an diesem historischen Tag im Spring Vale. Drei der vier an diesem Tag eingesetzten Lokomotiven blieben erhalten, nur Lok 44781 endete im Hochofen. Außerdem eingesetzt waren die »Black Five« mit der Nummer 45110, und Lok 70013 *Oliver Cromwell*, eine Pacific der »Britannia«-Klasse.
Alan Murray-Rust/Online Transport Archive

Rechts: Obwohl ihr Netz weitgehend elektrifiziert war, verfügte London Transport (LT) auch über eine kleine Flotte von Dampflokomotiven für den Einsatz vor Werks- und Schotterzügen auf den weit in die Region hinausführenden oberirdischen Strecken. Ende der 1950er Jahre hatten die bis dahin eingesetzten Lokomotiven, die 1933 von der Metropolitan Railway übernommen worden waren, das Ende ihrer Einsatzzeit erreicht und LT suchte nach Ersatz. Angesichts der raschen Reduzierung der Dampfflotte bei British Rail wurde beschlossen, eine Reihe von Tenderloks der Achsfolge C zu erwerben. Insgesamt erwarb LT zwölf Loks der Baureihen 5700 und 7700, die ursprünglich von Charles Collett entworfen und in den Jahren 1929 und 1930 gebaut worden waren. Eine dieser Loks war L89, die im Sommer 1968 in dem für LT typischen Dunkelrot in Watford abgelichtet wurde, einem der Endpunkte der Metropolitain Line. Diese Lok war ursprünglich für die Great Western Railway unter der Nummer 5775 im Einsatz gewesen und war im September 1929 in Swindon gebaut worden. Die letzten Loks dieser Art wurden 1971 bei LT ausgemustert und waren damit die zuletzt eingesetzten Hauptbahn-Dampfloks in Großbritannien. Lok L89 gehört zu den sechs Maschinen dieses Typs, die an LT verkauft wurden und auch heute erhalten sind.
Harry Luff/Online Transport Archive

LONDON TRANSPORT

Oben: In den Jahren 1939 und 1940 führten die Great Southern Railways eine neue aus drei Loks der Achsfolge 2'C bestehende Baureihe ein, die von Edgar Bredin entworfen und in Inchicore gebaut wurden. Ursprünglich waren sogar fünf Loks geplant. Bei den Loks 800 bis 802 handelte es sich um die größten und leistungsstärksten Dampflokomotiven, die je in Irland gebaut worden sind; außerdem waren sie die einzigen Schnellzug-Dampflokomotiven, die nach der Gründung des Freistaates in Irland gebaut wurden. Konzipiert war diese Type für den Betrieb auf der Hauptstrecke Dublin – Cork, aber der Kohlemangel während des Zweiten Weltkriegs und später die Verdieselung der Eisenbahn in den Nachkriegsjahren führten dazu, dass diese Loks ihr Potenzial kaum je richtig ausschöpften konnten und Ende der 1950er Jahre schon weitgehend überflüssig wurden. Hier steht am 4. Juni 1961 Lok 800 Maeve vor dem Lokschuppen in Thurles; kurz darauf wurde sie ausgemustert und in diesem Lokschuppen hinterstellt, bis sie zur weiteren Erhaltung verkauft wurde. Heute ist Lok 800 im Ulster Folk & Transport Museum in Cultra ausgestellt; die beiden anderen Loks wurden Anfang der 1960er Jahre verschrottet.
Roy Hobbs/Online Transport Archive

Rechts: Die letzten Dampflokomotiven, die von der Dublin & South Eastern Railway (DSER) erworben wurden, waren zwei Loks mit der Achsfolge 1'C. Diese 1922 von Beyer Peacock & Co nach den Plänen des letzten leitenden Maschineningenieurs der Eisenbahn — G. H. Wild — gefertigten Loks sollten die schweren Güterzüge auf der Hauptstrecke von Dublin nach Wexford befördern. Die Maschinen wurden während des irischen Bürgerkriegs geliefert und daher nach der Auslieferung für kurze Zeit bei der Great Northern Railway (Ireland) (GNR[I]) in Belfast untergestellt. Das Duo kam so erst ab 1923 zum Einsatz. Am 1. Januar 1925 wurde die DSER Teil der Great Southern Railway, die in ihrer vergrößerten Form als Great Southern Railways bekannt wurde. Nach dem Transportgesetz von 1944 wurde die Eisenbahn am 1. Januar 1945 von Córas Iompair Éireann (CIÉ; Irische Verkehrsbehörde) übernommen. Lok 461 aus diesem Duo blieb erhalten und ist hier in Dungarvan am 6. Juni 1961 zu sehen.
Charles Firminger/Bob Bridger Collection/Online Transport Archive

Oben: Am 9. Juni 1961 ist Lok 14 (Baureihe SG3; Achsfolge C) im Bahnhof Dublin Amiens Street zu sehen. Insgesamt 15 dieser Maschinen wurden von Beyer Peacock & Co in den Jahren 1920 und 1921 nach den Plänen von George T. Glover – von 1912 bis 1933 Chefmechaniker der GNR(I) – gebaut. Bei der Aufteilung des Besitzes dieser Eisenbahn zwischen der Ulster Transport Authority (UTA) und der CIÉ im Jahr 1958 blieben sieben Maschinen bei CIÉ und acht gingen nach Nordirland. Bei der CIÉ wurden diese Maschinen bis Ende 1967 abgestellt. Der Bahnhof Amiens Street ist der Bahnhof mit dem höchsten Fahrgastaufkommen Irlands. Er wurde ursprünglich am 29. November 1844 von der Dublin & Drogheda Railway eröffnet. Seine damalige Bezeichnung »Dublin« wurde 1854 um den Zusatz »Amiens Street« ergänzt. Die Anlage wurde in der zweiten Hälfte des 19. Jahrhunderts erheblich erweitert. Anlässlich des 50-jährigen Jahrestages des Osteraufstandes wurde 1966 die Station in »Dublin Connolly« umbenannt. James Connolly war als einer der Führer des Aufstandes im Mai 1916 hingerichtet worden.
Charles Firminger/Bob Bridgre Collection/Online Transport Archive

Oben: Auf dem Bahndamm an der Einfahrt nach Dungarvan ist die Dampflok 249 der irischen Staatsbahn Córas Iompair Éireann (CIÉ) im Oktober 1962 mit dem aus Waterford kommenden Mittags-Güterzug unterwegs. Dieser Abschnitt der ehemaligen Great Southern & Western Line von Losmore nach Waterford wurde am 12. August 1878 eröffnet. Die gesamte Linie von Waterford nach Mallow wurde am 27. März 1967 zunächst vollständig stillgelegt. Allerdings wurde auf dem Abschnitt Ballinacourty – Waterford östlich von Dungarvan zwischen dem 3. April 1970 und dem 28. Juli 1982 von der CIE der Güterverkehr noch wieder aufgenommen. Es gab vier Maschinen dieser von Robert Coey konstruierten C-Kuppler der Baureihe 351. Die Loks 249 bis 252 wurden 1903 in Inchicore hauptsächlich für den Betrieb von Güterzügen gebaut. Alle vier wurden bis Ende 1964 abgestellt, ohne dass eine davon erhalten blieb.
Roy Hobbs/Online Transport Archive

Rechts oben: Im Oktober 1962 steht Dampflok 610 außerhalb des Lokschuppens in Ballaghadereen. Der C-Kuppler gehört zur Baureihe L der ehemaligen Midland Great Western Railway Class bzw. der Baureihe J19 der Great Southern Railways. Die 16 km lange Zweigstrecke von der Kilfree Junction bis Ballaghadereen wurde am 2. November 1874 eröffnet und hielt sich bis zur vollständigen Stilllegung am 4. Februar 1963. Die ersten zehn Loks nach diesem Entwurf wurden 1876 gebaut und in den 1890er Jahren umgebaut zur Baureihe Lm (später Baureihe J18). Zwischen 1886 und 1889 waren weitere 18 Loks der Originalbauart geliefert worden, von denen 17 Loks an die Córas Iompair Éireann (CIE) übergingen, als diese durch das Verkehrsgesetz von 1944 begründet wurde, auch wenn die irische Staatsbahn zunächst als Privatunternehmen firmierte. Die meisten Maschinen der Baureihe J19 wurden bis 1957 außer Dienst gestellt, während zwei Maschinen noch bis 1965 im Einsatz waren.
Roy Hobbs/Online Transport Archive

Rechts unten: Marcus Eavis nahm im Sommer 1964 Lok 43 der Ulster Transport Authority (UTA) beim Rangieren in Omagh auf. Diese Lok mit der Achsfolge C war eine von fünf Maschinen der SG-Klasse, die 1913 von der in Manchester ansässigen Beyer Peacock & Co Ltd. nach dem Entwurf von Charles Clifford für die GNR(I) gebaut worden war. Zweimal wurden Serien von je fünf ähnlichen Lokomotiven nachbestellt und 1915 bzw. 1924/25 ausgeliefert. Diese letzten zehn Loks bezeichnete man als Baureihe SG2. Zwei Loks des ursprünglichen Quintetts wurden 1958 von der UTA übernommen und blieben bis 1965 im Einsatz; Lok 43 war ursprünglich als 137 an die GNR(I) geliefert worden, wo sie aber schon sehr bald die neue Nummer 175 erhielt. Die Strecke von Portadown über Omagh nach Londonderry wurde am 15. Februar 1965 vollständig stillgelegt, nachdem auf der Strecke von Omagh nach Clones der Betrieb schon am 1. Oktober 1957 eingestellt worden war.
Marcus Eavis/Online Transport Archive

Links oben: Im Sommer 1964 bot sich am Stadtrand von Adelaide diese Szene, als ein Zug der UTA vom Bahnhof Great Victoria Street südwärts nach Lisburn dampfte. An der Spitze des Zuges läuft Lok 60 (Achsfolge 2'B) der Baureihe S der ehemaligen GNR (I). Die Strecke von Lisburn nach Belfast wurde ursprünglich mit freundlicher Genehmigung der Ulster Railway am 12. August 1839 eröffnet. Nach dem Erwerb der GNR (I)-Strecken durch die nordirische Regierung in Ulster wurde der größte Teil des Netzes Ende der 1950er Jahre stillgelegt; die Strecke durch Lisburn blieb als Teil der Hauptstrecke nach Dublin jedoch in Betrieb. Die von G. T. Glover entworfene Lok 60 – die ehemalige 172 *Slieve Donard* der GNR (I) – gehörte zu einer aus fünf Lokomotiven bestehenden Baureihe, die 1913 von Beyer Peacock gebaut worden war. 1938/39 wurden sie umgebaut. Lok 60 und eine Schwesterlok gingen 1957 bei der Aufteilung des GNR (I) -Eigentums an die UTA. Ein Jahr nach der Ausmusterung ihrer UTA-Schwesterlok 61 im Jahr 1964 wurde auch Lok 60 abgestellt. Die bei der GNR (I) verbliebene Schwesterlok 171 *Slieve Gullion* ist dagegen heute noch erhalten.
Marcus Eavis/Online Transport Archive

Links unten: Basierend auf der Arbeit von William Stanier in England wurde die für das Northern Counties Committee (NCC) konstruierte Baureihe W (Achsfolge 2'C) vom Chief Mechanical Engineer H. P. Stewart des NCC entworfen. Davon fertigten die York Road Works des Unternehmens insgesamt 15 Exemplare mit den Nummern 90 bis 104, die 1933 in den Betrieb kamen und hauptsächlich vor Schnellzügen vom Bahnhof Belfast York Road aus eingesetzt wurden. Nr. 91 *The Bush* ist hier am Lokschuppen abgebildet, als sich im Sommer 1964 bereits das Einsatzende dieser Baureihe abzeichnete, denn alle Loks dieses Typs wurden bis Ende des folgenden Jahres abgestellt und verschrottet.
Marcus Eavis/Online Transport Archive

Oben: Als die Northern Ireland Railways 1966 gegründet wurden, übernahmen sie 23 Dampflokomotiven von der Ulster Transport Authority. Die Mehrzahl davon waren Tenderloks mit der Achsfolge 1'C2', die ursprünglich zwischen 1946 und 1950 geliefert worden waren. Die von George Ivatt entworfenen und im Werk Derby gebauten Lokomotiven mit den Nummern 1 bis 10 und 50 bis 57 wurden nun in die Klasse WT eingereiht. Zum großen Teil wurden sie später vor Abraumzügen vom Zementwerk Blue Circle in Magheramorne nach Greencastle für den Bau einer Autobahn eingesetzt. Jeder Zug bestand aus 20 Kippwagen, die insgesamt rund 600 Tonnen befördern konnten. Im März 1968 wurde Lok 50 in Carrickfergus mit einem solchen Abraumzug abgelichtet. Diese Lokomotive wurde im Dezember 1962 umgebaut, als sie den Kessel von einer ausgemusterten Lok der Achsfolge 1'C erhielt. Die letzte Lok der WT-Baureihe wurde am 22. Oktober 1970 abgestellt und war damit die letzte Dampflokomotive im Linienbetrieb auf einer Hauptstrecke auf den Britischen Inseln. Aus dieser Baureihe ist Lok 4 heute noch erhalten.
Harry Luff/Online Transport Archive

Rechts: Am 19. August 1960 steigen Passagiere am Bahnhof Kirk Michael aus, der an der Strecke der ehemaligen Manx Northern Railway (MNR) zwischen St. John's und Ramsey liegt. Die Strecke durch Kirk Michael wies eine Spurweite von 3 Fuß (914 mm) auf, wurde ursprünglich am 23. September 1879 eröffnet und ab November 1880 von der MNR betrieben. Diese fusionierte 1905 mit der Isle of Man Railway. Die Strecke von St. John's nach Ramsey verlor am 6. September 1968 endgültig ihren Personenverkehr. Der abgebildete Zug wird von der Lok *Mona* gezogen, einer von zwei Tenderloks mit der Achsfolge 1'B, die Beyer Peacock 1874 an die Isle of Man Railway für die Eröffnung der Strecke nach Port Erin geliefert hatte. Nachdem die Lok 1946 einen neuen Kessel erhalten hatte, wurde sie am Ende der Saison 1969 außer Betrieb genommen und ist bis heute hinterstellt, wenn auch in einem schlechten Zustand.
Les Folkard/Online Transport Archive

Links: Am selben Tag steht Lok 8 *Fenella* vor dem Lokschuppen in St. John's. Die 1894 von Beyer Peacock gebaute Lokomotive ist in der Lackierung Indischrot zu sehen, die sie zwischen 1946 und 1965 trug. Lok 8 gehörte zu den ersten neun Loks der Eisenbahn und unterschied sich von den übrigen acht durch ihren Kessel mit größerem Durchmesser. Theoretisch hatte die Lokomotive damit etwa die gleiche Leistung wie die später gelieferten Maschinen mit »mittlerem Kessel«, dieser überzeugte jedoch nicht völlig. Viele Jahre lang war Lok 8 der Strecke nach Ramsey zugeteilt bis sie Ende 1969 ausgemustert wurde. Zehn Jahre später wurde sie für die museale Erhaltung bestimmt. Nach ihrer Aufarbeitung kam die Lok zu Anfang des neuen Jahrtausends wieder in den Einsatz – diesmal zwischen Port Erin und Douglas – und ist noch immer aktives Mitglied der Fahrzeugflotte.
Les Folkard/Online Transport Archive

Oben: Die 1905 von Beyer Peacock in Manchester für die Isle of Man Railway erbaute Tenderlok 11 (Achsfolge B'1) hört auch auf den Namen *Maitland.* Das Foto aus den 60er Jahren zeigt, wie die Lok sich im Bahnhof von Douglas rückwärts an den Zug setzt. Kurz zuvor hatte die Lokomotive einen neuen Kessel erhalten, der sie während des gesamten Jahrzehnts betriebsfähig hielt, als die Zukunft der Dampfeisenbahn auf der Insel Man ernsthaft in Frage stand. Der erste Abschnitt des in der Spurweite 914 mm angelegten Schmalspurnetzes von Douglas bis Peel wurde am 1. Juli 1873 eröffnet, gefolgt von der Linie von Douglas zur Inselhauptstadt Port Erin am 1. August 1874. Um Douglas zu versorgen, baute die Eisenbahn schließlich ein Umspannwerk, das noch heute erhalten ist. Lok 11 gehört weiterhin zum Fahrzeugpark des derzeitigen Eigentümers.
John Worley/Online Transport Archive

Oben: Am 13. August 1967 passiert Lok 12, auch *Hutchinson* genannt, von der Isle of Man Railway mit einem Zug Richtung Süden den Bahnübergang an der Quarter Bridge westlich von Douglas. Die 1908 von Beyer Peacock gebaute Lok mit der Achsfolge 1'B wurde nach William Hutchinson benannt, der einer der Direktoren der Eisenbahn und ein Lokalpolitiker war. Die Lokomotive ist heute wieder im Zustand der 1950er Jahre auf dem noch erhaltenen Abschnitt der Eisenbahn von Douglas nach Port Erin in Betrieb. Die Kreuzung an der Quarter Bridge befand sich nördlich der Kreuzung, wo die Linie Richtung Peel und Ramsey von der Route Richtung Westen nach Port Erin abzweigte.

Anfang der 1960er Jahre hatten sich die Finanzen der Eisenbahngesellschaft stark verschlechtert und daher wurde das noch bestehende Netz am Ende der Saison 1965 stillgelegt. Nachdem der Marquess von Ailsa 1967 die Strecken gepachtet hatte, wurde der Betrieb wieder aufgenommen. Der Fahrgastbetrieb auf der Zweigstrecke nach Peel und der Abschnitt von St. John's nach Ramsey wurden jedoch am 6. September 1968 stillgelegt. Der Pachtvertrag von Ailsa für den Betrieb des restlichen Teils der Eisenbahn lief Ende 1971 aus, und nach mehreren Jahren des Ringens wurde der überlebende Teil von Douglas bis Port Erin 1978 verstaatlicht. Die Strecke über die Quarter Bridge nach Peel und Ramsey wurde 1974 und 1975 abgebaut.
Alan Murray-Rust/Online Transport Archive

Rechts: Diese Ansicht Richtung Osten zeigt einen aus Douglas kommenden Zug der Isle of Man Railway, der sich dem Bahnhof von Crosby am 31. August 1968 nähert. Westlich eines Bahnübergangs gelegen, bot der Bahnhof Crosby eine der Kreuzungsmöglichkeiten auf der eingleisigen Strecke von Douglas Nord nach Peel. Der Bahnhof, an dem es noch nicht einmal Bahnsteige gab, wurde am 1. Juli 1873 zusammen mit der Strecke eröffnet. Nur wenige Tage nach der Aufnahme wurde der Bahnhof und auch die gesamte Strecke von Douglas nach Peel am 7. September 1968 vollständig stillgelegt. Die Gleise wurden in den Jahren 1974 und 1975 abgebaut und die Trasse in den heute noch bestehenden Fuß- und Radweg umgewandelt.
John McCann/Online Transport Archive

Rechts: Während des Ersten Weltkriegs erwarb die 1915 gegründete Railway Operating Division – sie gehörte zu den Royal Engineers der britischen Armee – eine bedeutende Anzahl von Dampflokomotiven aus Großbritannien und anderen Ländern, um den Kriegseinsatz auf dem Kontinent zu unterstützen. Einer der wichtigsten auswärtigen Lieferanten von Lokomotiven war die in den USA ansässige Baldwin Locomotive Works. Während des Krieges lieferte dieses Unternehmen unter anderem 70 Loks mit der Achsfolge 2'C an die Westfront; nach Einstellung der Feindseligkeiten wurden diese an die Société Nationale des Chemins de fer Belges (SNCB) verkauft, die sie als Baureihe 40 einreihte. Allerdings überlebte kein Exemplar dieser Type. Die Aufnahme zeigt Lok 40.011 im September 1962.
Frank Hunt/LRTA (London Area) Collection/Online Transport Archive

Rechts: Die 35 Exemplare umfassende Baureihe 1 (Bauart 2'C'1 h4), die zwischen 1935 und 1938 gebaut wurden, waren für die Beförderung von Expresszügen der SNCB konstruiert worden. Deshalb erhielten die Vier-Zylinder-Loks eine Stromlinien-Teilverkleidung. Damit die Vierlingsmaschinen immer über ausreichend Frischdampf verfügten, besaß ihre große Feuerbüchse zwei Feuertüren, so dass zwei Heizer eingesetzt werden konnten. Mit einem Gesamtgewicht von rund 124 Tonnen und einer Achslast von knapp 24 Tonnen war diese Baureihe die schwerste Pacific-Type in Europa. Hier ist Lok 1.005 im Jahr 1961 kurz vor ihrer Ausmusterung in Mons zu sehen; die letzten Zugmaschinen dieses Typs wurden im folgenden Jahr ausgemustert und Nr. 1.002 ist erhalten geblieben.
Les Folkard/Online Transport Archive

Rechts: Der Friedensvertrag von Versailles von 1919 verpflichtete Deutschland, eine beträchtliche Anzahl von Dampflokomotiven als Reparationen an mehrere andere Länder zu übergeben. Darunter waren 627 der von Robert Garbe entworfenen Loks der preußischen Gattung P 8, von denen allein 168 an die SNCB gingen. Diese vergab 1931 die Nummern 64.001 bis 64.168 an die Maschinen. In dieser undatierten Ansicht ist Lok 64.123 zu sehen, wie sie im Bahnhof Antwerpen auf die Abfahrt wartet. Alle 64er wurden bis Ende 1967 abgestellt, nur Lok 64.045 blieb erhalten. Außerdem erwarben belgische Eisenbahnfreunde in Rumänien die ehemalige CFR-Lok 230.084 und machten sie zur 64.169. Der Hauptbahnhof von Antwerpen wurde zwischen 1895 und 1905 umgebaut; in jüngster Zeit wurde der Bahnhof von einem Kopfbahnhof zu einer Durchgangsstation für Hochgeschwindigkeitszüge umfunktioniert.
Geoffrey Morant/Online Transport Archive

Oben: Die Baureihe T 16 (Achsfolge E) der Preußischen Staatsbahnen wurde 1905 eingeführt. Bis 1913 wurden 343 Maschinen für den Betrieb in Preußen und weitere zwölf für die Reichseisenbahnen in Elsass-Lothringen gebaut. Nach dem Ersten Weltkrieg gingen 17 Loks der Baureihe als Kriegsreparationen an die SNCB über. Im Jahr 1913 entstand erstmals eine modifizierte Version – die T 16.1 mit gleicher Achsfolge. Bis 1924 wurden insgesamt 1.242 dieser Lokomotiven gebaut. Davon kamen 36 Exemplare nach 1918 zur SNCB, so dass schließlich bei der SNCB 53 ex-preußische Lokomotiven mit der Achsfolge E vorhanden waren, die die SNCB dann als Baureihe 98 bezeichnete. Allerdings blieb keine Lok in Belgien erhalten. Das Foto zeigt die Lok 98.015 im Jahr 1961 beim Einsatz in Lüttich.
Les Folkard/Online Transport Archive

Rechts oben: Lok 81.122 in Vervier am April 1962: Die Baureihe 81 (Bauart D h2) bildete nach dem Zweiten Weltkrieg die zahlenmäßig stärkste Dampflok-Baureihe Belgiens. 532 Loks dieser Type waren unmittelbar nach Kriegsende im Einsatz. Es handelte sich um Maschinen der preußischen Gattung G 8.1, die zwischen 1913 und 1921 in großen Stückzahlen gebaut worden waren. Nach Belgien gelangten sie nach dem Ersten Weltkrieg als Reparationsleistungen. Im Unterschied zur Vorgängertype G 8 hatte die G 8.1 jedoch einen größeren Kessel und eine höhere Zugkraft. Der Preis dafür war allerdings, dass diese Loks nur auf den Hauptstrecken fahren konnten, da nur diese über den entsprechend stark ausgeführten Unterbau verfügten.
Phil Tatt/Online Transport Archive

Rechts unten: Seit der Einführung im Jahr 1904 wurden bis 1926 genau 436 Tenderloks der Baureihe 53 (ursprünglich Baureihe 23) mit der Achsfolge D für die Chemins de fer de l'État Belge (ab 1. September 1926 SNCB/NMBS) gebaut. Dieser Vierkuppler war in erster Linie für den Einsatz als Rangierlokomotive konstruiert und im gesamten belgischen Eisenbahnnetz weit verbreitet. Die letzten Exemplare wurden Ende 1966 abgestellt, Lok 53.320 ist sogar heute noch erhalten. Die Aufnahme zeigt Lok 53.085 in den frühen 60er Jahren bei Rangierarbeiten.
Marcus Eavis/Online Transport Archive

8122

NATIONALES
53085

Oben: Insgesamt 300 Exemplare der Baureihe 29 (Bauart 1'D h2) wurden 1945 und 1946 für die SNCB von drei nordamerikanischen Lokomotivfabriken (Montreal Locomotive Works, American Locomotive Co (Alco) und Canadian Locomotive Co) gebaut. Sie wurden an Belgien als Vorläufer des europäischen Konjunkturprogramms der Nachkriegszeit geliefert – besser bekannt als Marshall-Plan. Ihre Konstruktion basiert auf Loks mit der Achsfolge 1'D, die während des Krieges an die US-Armee geliefert worden waren. Lok 29.119 ist hier am 5. Oktober 1964 in Verviers Central zu sehen. Die Schwesterlokomotive 29.013 beförderte schließlich am 22. Dezember 1966 den offiziell letzten mit Dampf bespannten Planzug in Belgien. Jene Lok wurde einzige Vertreterin dieses Typs betriebsfähig erhalten; eine zweite Lok überlebte als Heizlok und eine dritte wurde erst 2002 verschrottet.
Frank Hunt/LRTA (London Area) Collection/Online Transport Archive

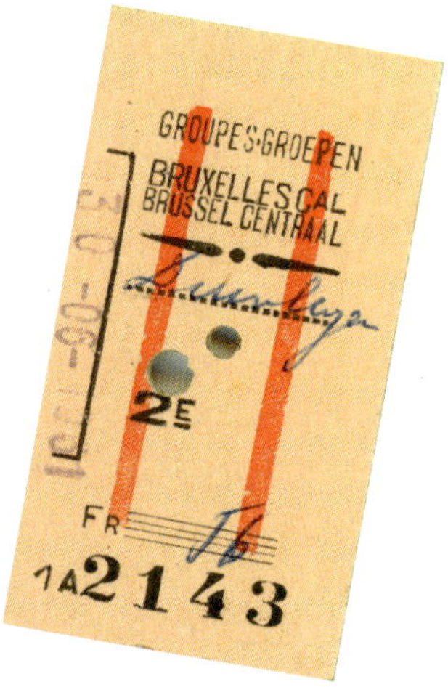

Oben: Neben der SNCB verfügte Belgien noch über ein zweites nationales Netz von überwiegend meterspurigen Strecken, das der Société Nationale des Chemins de Fer Vicinaux (SNCV; Vicinalbahnen) gehörte. Diese Gesellschaft betrieb sowohl Eisenbahnstrecken, von denen einige elektrifiziert waren, als auch Straßenbahnen. Zu ihren drei Normalspurstrecken zählte die Verbindung von Poulseur über Sprimont südlich von Lüttich mit Trooz. Diese am 9. Dezember 1887 genehmigte Bahnlinie wurde Ende 1888 in zwei Abschnitten eröffnet. Mit einer Länge von etwa neun Kilometern sollte sie die lokalen Steinbrüche erschließen. Im ersten Jahrzehnt des 20. Jahrhunderts wurde die Strecke bis Trooz verlängert, wobei der letzte Abschnitt am 22. Januar 1908 eröffnet wurde. Damit hatte die Strecke ihre maximale Länge von knapp 24 Kilometern erreicht. Die SNCV übernahm 1920 den Betrieb. Die nie sehr rentable Strecke wurde 1937 eingestellt, und der Abschnitt Sprimont – Trooz komplett aufgegeben. Ein Großauftrag für die Lieferung von Material für Deichbauarbeiten in den Niederlanden sicherte jedoch den Bestand des Abschnitts Sprimont – Poulseur bis zur endgültigen Stilllegung im Jahr 1965. Für den Betrieb der Strecke wurden drei Tenderloks mit der Achsfolge C geliefert, die zur Baureihe 11 gehörten. Die Loks mit den Nummern 800 bis 802 waren alle bis zur Stilllegung der Strecke im Jahr 1965 im Einsatz. Diese Aufnahme zeigt eine Lok dieses Trios in den Steinbrüchen von Sprimont einige Monate bevor die Strecke aufgegeben wurde. Obwohl keine dieser drei Lokomotiven überlebt hat, ist von der sehr ähnlichen Baureihe 10 die Lok 808 erhalten geblieben, die für die Strecke von Dolhain nach Goe und Membach gebaut worden war.
Phil Tatt/Online Transport Archive

Oben: Die abgebildete Lok 141F218 wurde Mitte 1959 aufgenommen; die Seitenansicht zeigt dabei gut die Gesamtlänge von Lokomotive und vierachsigem Tender (ca. 22,4 Meter). Die ersten für den Betrieb in Frankreich produzierten Loks der Baureihe 141F mit der Achsfolge 1'D1' wurden 1914 an die Compagnie du Chemin de Fer Paris-Lyon-Méditerranée (PLM; Paris-Lyon-Mittelmeerbahn) geliefert. Ein weiteres Baulos lieferten die Baldwin Locomotive Works in Nordamerika während des Ersten Weltkriegs, da das Bahnunternehmen zusätzliche Lokomotiven benötigte, aber die französische Produktion auf Rüstungsgüter konzentriert war. Im Jahr 1918 wurde die erste Lok der Baureihe 141C produziert. Bis 1927 folgten insgesamt 490 Maschinen und in den Jahren 1933/34 weitere 180 Exemplare. Bei der Gründung der Société Nationale des Chemins de Fer Français (SNCF) im Jahre 1938 wurde die PLM übernommen. Ab 1942 ließ die SNCF die Baureihe 141C in mehreren Varianten umbauen und bezeichnete sie fortan entsprechend als Baureihen 141D, 141E oder 141F. Insgesamt 182 Loks wurden zur 141F umgebaut. Als einzige Lok der Baureihe überlebte 141F282 im nationalen Eisenbahnmuseum in Mulhouse.
Online Transport Archive

Rechts: Am 2. September 1960 wartet in Troyes Lok 231G87 (Baureihe 231G, Achsfolge 2'C1') auf die Abfahrt ihres Zuges gen Süden; der Bahnhof liegt an der Strecke Paris – Mulhouse. Die PLM war vor der Gründung der SNCF der größte Betreiber von Loks der Pazifik-Bauart in Frankreich. Ab 1909 wurden für diese Gesellschaft insgesamt 462 Pazifiks gebaut; ab 1917 wurden außerdem einige der früher gelieferten Typen umgebaut. Die Baureihe 6301-480 wurde 1921 eingeführt, aus der dann 1925 die Baureihe 231D mit den Loks 1 bis 180 hervorging, die im selben Jahr um die Loks 231D181 bis 231D181-230 ergänzt wurde. 1931 und 1932 folgten die Loks 231F231 bis 231F280 als eine verbesserte Version der Baureihe 231D. Die Lokomotiven lieferten verschiedene Hersteller; die abgebildete Lok 231G87 gehörte zu einer Serie von 50 Stück (Nummern 6361 bis 6410), die die Lokfabrik Saint-Chamond fertigte. Von Mitte der 1930er Jahre bis 1949 wurde die Mehrzahl der beiden Typen 231D und 231F weiter modifiziert und in der Baureihe 231G zusammengefasst.
John McCann/Online Transport Archive

Rechts: Am 4. Juni 1961 steht Lok 231E17 (Baureihe 231E) im Bahnhof Calais Maritime mit dem »Flèche d'Or« (»Goldener Pfeil«) nach Paris am Haken. Es handelte sich um den französischen Teil des legendären Expresszuges, der London Victoria via Dover und Calais mit Paris verband. In Großbritannien verkehrte er als »Golden Arrow«. Der französische Teil dieses Pullman-Dienstes startete 1926, während der englische Teil am 15. Mai 1929 gleichzeitig mit der Einführung einer neuen Erster-Klasse-Fähre – der *Canterbury* – eingeführt wurde. Der Dienst wurde in den 1930er Jahren allerdings modifiziert und war während des Zweiten Weltkriegs ausgesetzt, bis er am 15. April 1946 wieder aufgenommen wurde. Der wachsende Luftverkehr sorgte für einen Rückgang an Passagieren in den Luxuszüge zwischen Paris und London, deshalb wurde die Verbindung 1972 eingestellt. Lok 231E17 war eine von 20 Vierzylinder-Loks, die 1934 von André Chapelon aus älteren, ursprünglich für die Compagnie du Paris-Orléans gebauten Lokomotiven umgebaut wurden; von diesen erhielt die Compagnie du Nord die Loks 2.1171 bis 2.1190 (SNCF 231E1 bis 231E20). Weitere 28 Maschinen wurden in den Jahren 1936 und 1937 nach ähnlicher Konstruktion neu gebaut.
John McCann/Online Transport Archive

Rechts: Zwischen 1908 und 1927 erwarben die Chemins de Fer de l'Est 134 Loks mit der Achsfolge 2'C von vier Lokfabriken. Diese Loks mit den Nummern 3147 bis 3280 wurden zwischen 1932 und 1946 durch den Einbau von Speisewasser-Vorwärmern der SNCF modifiziert und daher von der Baureihe 230J in 230K umgezeichnet, so dass sie schließlich die Nummern 230K147 bis 230K280 erhielten. Im Jahr 1948 erhielten zwölf dieser Maschinen eine Stromlinienverkleidung und eine Ölfeuerung für den leichten Schnellverkehr zwischen Paris und Straßburg. Am 16. Juni 1961 steht 230K256 abfahrtbereit in Delle, dem letzten französischen Bahnhof auf der Strecke von Belfort nach Bern.
John McCann/Online Transport Archive

Oben: Das Bild zeigt Lok 230D105 aus der SNCF-Baureihe 230D am 14. August 1961 gleich hinter der belgischen Grenze bei Mons. Zwischen 1908 und 1912 erhielt die Chemins de Fer du Nord 150 Lokomotiven (Nummern 3.513 bis 3.662), die Gaston du Bousquet, der leitenden Lok-Ingenieur dieser Bahngesellschaft, entworfen hatte. Bei der SNCF erhielten diese Lokomotiven die Nummern 230D1 bis 230D149. Die Ausmusterung der Baureihe begann im Jahr 1955 und wurde bis 1969 abgeschlossen. Heute noch erhalten ist die Lok 230D9, sie steht im Eisenbahnmuseum Moulhouse.
Les Folkard/Online Transport Archive

Oben: Abfahrt an einem Maitag des Jahres 1964: Die SNCF-Dampflok 141 TD 112 verlässt den Bahnhof Paris Saint-Lazare. Die 40 Maschinen umfassende Baureihe mit der Achsfolge 1'D1' wurde 1932 eingeführt; die Herstellung übernahmen zu gleichen Teilen die Lokfabriken Schneider et Cie und bei Batignolles-Chatillon. Die Tenderlok wurde hauptsächlich für den Vorortverkehr von und nach Paris entwickelt. Der Bahnhof Saint-Lazare – einer der sechs großen Kopfbahnhöfe der französischen Hauptstadt – bedient das Gebiet im Nordwesten der Stadt und wurde 1837 an einer Stelle etwas nordwestlich des heutigen Bahnhofs eröffnet. Das heutige Gebäude im französischen Chateau-Stil gestaltete Juste Lisch. Zum Zeitpunkt der Aufnahme wurden die innerstädtischen Strecken noch mit Elektrozügen bedient, die ihren Strom aus seitlichen Stromschienen bezogen. In den späten 1960er Jahren wurden diese durch 25-kV-Oberleitungen ersetzt. *Les Folkard/Online Transport Archive*

Oben: Obwohl in Großbritannien geboren ist Alfred de Glehn vor allem für seinen Beitrag zur Entwicklung der Vierzylinder-Verbunddampflokomotiven bekannt, die seinen Namen trugen. Als Ingenieur bei der Société Alsacienne de Constructions Mécaniques (SACM) entwarf er Ende des 19. Jahrhunderts seine ersten Verbundloks, wobei er eng mit Gaston du Bousquet, dem Chefingenieur der Chemins de Fer du Nord, zusammenarbeitete. Im Jahr 1908 wurde die erste Lok mit der Achsfolge 2'C gebaut, die 1938 einmal zur SNCF-Baureihe 230D werden sollte. Bis 1911 wurden insgesamt 150 Exemplare der Baureihe gefertigt; davon gingen 149 an die SNCF über, wobei die vorletzte Lok (Nummer 3.661) schon während des Ersten Weltkriegs im Jahr 1917 in Romescamps durch Bombenangriffe zerstört wurde. Die für den Einsatz vor Expresszügen konzipierte Gattung überlebte bis Mitte der 1960er Jahre auf den Hauptstrecken zwischen Paris Gare du Nord und Beauvais und Tréport. John Worleys Aufnahme vom Juni 1966 zeigt die damals letzte noch in Betrieb befindliche Lok der Serie, die 230D125, in Calais; sie gehörte zu einer Serie, die 1911 von Herschel geliefert wurde. Von der Baureihe blieben mit den Loks 230D9 und 230D116 noch zwei Maschinen bis heute erhalten.
John Worley/Online Transport Archive

Oben: Zwischen 1891 und 1925 erbaute die Chemins de Fer de l'Ouest ein Meterspur-Netz von rund 425 Kilometern Länge in der Bretagne. Das als Réseau Breton bekannte Netz wurde so gebaut, dass man die Strecken bei Bedarf später auf Normalspur umstellen konnte. Zwar wurde die Personenbeförderung 1939 eingestellt wurde, doch führte die Beschlagnahme der Ersatzbusse durch das Militär nach Beginn des Zweiten Weltkriegs zur Wiederaufnahme des Bahnbetriebs. Während der deutschen Besatzung brachte der Bau des Atlantikwalls an der bretonischen Küste einen erheblichen Anstieg des Güterverkehrs in den Kriegsjahren mit sich. Nach dem Krieg wurde der Personenverkehr schrittweise wieder eingestellt und das letzte Streckenstück in Meterspur schließlich am 9. April 1967 endgültig stillgelegt. Die Aufnahme entstand bei Loudéac im Monat vor der Stilllegung und zeigt Lok 41 mit einem Güterzug. Diese Maschine der Bauart Mallet mit der Achsfolge C'C wurde 1913 von Corpet-Louvet in Paris ursprünglich für die Chemins de de fer du Centre gebaut. Von dort kam die Lok 1953 schließlich zum bretonischen Netz, wurde aber erst ab 1957 auch dort eingesetzt. Loudéac war eine Zwischenstation auf der 130 Kilometer langen Strecke von Carhaix nach La Brohinière, die am 1. Oktober 1904 von St. Lubin-le-Vaublanc nach Loudéac und am 12. August 1907 nach La Brohinière eröffnet worden war.
Charles Firminger/Bob Bridger Collection/Online Transport Archive

Oben: Obwohl ein Großteil des als Réseau Breton bekannten Netzes während seiner gesamten Lebensdauer schmalspurig blieb, wurde der Abschnitt von Carhaix nach Paimpol auf Normalspur umgestellt. Am 24. September 1893 wurde zunächst der 53 Kilometer lange Abschnitt von Carhaix nach Guingamp eröffnet und dieser am 14. August 1894 um weitere 37 Kilometer von Guingamp nach Paimpol verlängert. Der Abschnitt Guingamp – Paimpol wurde auf Normal- und Meterspurgleis umgebaut und der Normalspurbetrieb am 24. Mai 1924 aufgenommen. Im Jahr 1953 wurde dieser Abschnitt schließlich vollständig auf Normalspurbetrieb umgestellt. Der Meterspur-Abschnitt Guingamp – Carhaix wurde am 14. Februar 1967 stillgelegt und am 3. Juli 1967 als Normalspurlinie wiedereröffnet. Aufgenommen im Bahnhof Guingamp im März 1967, wartet Tenderlok 141 TC 1 (Achsfolge 1'D1') auf die Abfahrt mit einem Zug nach Paimpol. Die Maschine gehörte zu einer 20 Lokomotiven umfassenden Baureihe, die 1923 von Fives-Lille für die Chemins de fer de l'État gebaut wurde. Gedacht waren sie vor allem für den Vorortverkehr in den westlichen Vororten von Paris. Nach der Elektrifizierung der vom Gare Saint-Lazare ausgehenden Vorortstrecken wurde die Baureihe in die Bretagne umgesetzt, wobei die letzte Lok dieses Typs 1971 abgestellt wurde. Als einzige ihrer Gattung blieb Lok 141 TC 19 erhalten.
Charles Firminger/Bob Bridger Collection/Online Transport Archive

Oben: Am 29. Mai 1967 verlässt die SNCF-Lok 141 R 791 (Achsfolge 1'D1') mit einem Frachtzug Cherbourg. Basierend auf einem amerikanischen Bauart Mikado wurden insgesamt 1.340 Exemplare der Baureihe bei verschiedenen nordamerikanischen Herstellern bestellt, um den großen Mangel an Zugmaschinen bei den französischen Eisenbahnen in der Zeit unmittelbar nach dem Ende des Zweiten Weltkriegs zu beheben. Die erste der im Rahmen des Lend-Lease-Programms gelieferten Lokomotiven kam im November 1945 in Frankreich an. Die Produktion wurde auf die US-Unternehmen Lima, Baldwin und Alco sowie die beiden kanadischen Lokfabriken Canadian Locomotive Co und Montreal Locomotives Works aufgeteilt. Obwohl 1.340 Stück bestellt wurden, standen im April 1947 nur 1.323 Stück in Diensten der SNCF. 17 Loks waren im April 1947 verloren gegangen, als sie mit dem Transportschiff MS Belpamela während der Überfahrt nach Europa untergingen. Lok 141R 791 gehörte zu den von den Baldwin-Lokomotivwerken in Pennsylvania gebauten Maschinen. Ein großer Teil der Baureihe, wie beispielsweise auch diese Lok, wurde auf Ölfeuerung umgestellt, um den Bedarf der SNCF an hochwertiger Kohle zu reduzieren – die Lokmannschaften nannten sie dann auch »les goudronneuses« (»Teerpresse«) –, was den zusätzlichen Vorteil hatte, die Reichweite des Typs zu erweitern. Das letzte Exemplar der Gattung 141 R wurde im Oktober 1975 außer Betrieb genommen; zwölf Exemplare dieses Typs sind heute noch erhalten.
Les Folkard/Online Transport Archive

Rechts: Der Gare de la Bastille in Paris wurde 1859 eröffnet und war von François-Alexis Cendier für die Strecke der Chemins de fer de l'Est über Vincennes und Verneuil-l'Étang nach Mulhouse entworfen worden. Die Station wurde am 15. Dezember 1969 geschlossen, nachdem feststand, dass die Strecke von Vincennes in einen Teil einer neuen Vorortbahn-Linie (RER) integriert werden sollte. 1984 wurde der Bahnhof abgerissen und die Opéra Bastille auf dem Gelände des Bahnhofs errichtet. Auf dem Bild ist Lok 141 TB 464 zu sehen, die im Juli 1967 dort auf ihre Abfahrt wartet. Die Lok ist eine Konstruktion (Achsfolge 1'D1') von Louis Salomon für die Chemins de fer de l'Est. Gebaut wurden zwischen 1913 und 1917 insgesamt 112 Exemplare für den Einsatz im Vorortsverkehr von Paris aus. Lok 141 TB 464 gehörte zu der Serie von 30 Maschinen, die 1914 von Cail geliefert wurden. Die Type war 1962 nach der Elektrifizierung der Hauptstrecke Paris – Straßburg auf die Vincennes-Linie umgesetzt worden. Nach der Umwandlung der Vincennes-Linie in einen Teil der RER-Linie A erhielten einige der Loks noch neue Aufgaben. Die letzten wurden 1972 abgestellt; zwei Exemplare sind heute noch erhalten.
John Worley/Online Transport Archive

Oben: Im Juli 1967 fotografierte John Worley die leichte Dampflok 130B476 (Baureihe 130B, Achsfolge 1'C) in Gray. Sie war eine von 92 Maschinen, die von den Chemins de Fer de l'Est zwischen 1909 und 1926 in deren Werkstätten in Épernay aus älteren C-Kupplern umgebaut worden waren. Die ursprünglich als 30254 bis 30766 bezeichneten Maschinen reihte die SNCF bei ihrer Gründung im Jahr 1938 als 130B254 bis 130B766 ein. Die ursprünglich schon 1883 gebaute Lok 130B476 war 1922 in Épernay umgebaut worden. Der Umbau machte diese Loks leistungsfähiger und wirtschaftlicher. Außerdem waren sie durch ihre geringe Achslast für den Betrieb auf dem gesamten Netz sowohl im Personen- als auch im Güterverkehr geeignet. Nach dem letzten Einsatz am 9. November 1970 wurde Lok 130B476 abgestellt und befindet sich heute in Longueville. Damit ist sie eine von drei erhaltenen Loks dieser Gattung.
John Worley/Online Transport Archive

Oben: Der Fotograf scheint die Aufmerksamkeit der Lokbesatzung erregt zu haben, als die 1'D1'-Maschine Nr. 141 C 180 am 9. September 1967 mit einem Güterzug Roche sur Yon verlässt. Erstmals 1921 von den Chemins de fer de l'Est eingeführt, wurden bis 1923 insgesamt 250 Exemplare dieser Type gebaut, wobei die Produktion zwischen Schneider et Cie (190 Maschinen) und der Société Alsacienne de Constructions Mécaniques (SACM) mit 60 Stück aufgeteilt wurde. Lok 141 C 280 wurde von ersterer 1922 produziert. Die für den Personen- und Güterverkehr konzipierte Gattung wurde sowohl auf dem Netz der Chemins de fer de l'Est als auch auf dem der Chemins de fer de l'Ouest breit eingesetzt. Bei der Übernahme durch die SNCF wurde die ursprünglich als Baureihe 141 B bezeichnete Lokomotive Mitte bis Ende der 1930er Jahre für eine höhere Leistung umgebaut und nach Abschluss der Arbeiten in die Baureihe 141C umgezeichnet. Erhalten geblieben ist 141 C 100.
Charles Firminger/Bob Bridger Collection/Online Transport Archive

Oben: Die Aufnahme vom 29. September 1967 zeigt die Vierzylinder-Lok 231 K 82 Bauart 2'C1'h4v) im Bahnhof Calais Gare Maritime beim Abblasen.

Aufgrund gestiegener Zuglasten im Schnellzugverkehr beschaffte die Chemins de fer de Paris à Lyon et à la Méditerranée (PLM) ab 1909 Maschinen der Pacific-Bauart. Die Grundkonstruktion einer Vierzylinder-Heißdampfverbundlok blieb im Beschaffungszeitraum bis 1932 weitgehend unverändert. Aus der Serie mit den Nummern 6201–6285 (später 231 C 2–86) wurde eine Maschine nach Vorschlägen des genialen Lokkonstrukteurs Chapelon modifiziert und dabei auch mit einem neuen Kessel versehen. Dieser Kessel sollte eigentlich bei allen PLM-Pacifics eingeführt werden, aber die Übernahme der PLM durch die SNCF führte dazu, dass bis 1948 nur insgesamt 30 Exemplare aus der PLM-Serie 231 C auf diese Art umgebaut wurden. Die Umbauloks erhielten bei der SNCF die Baureihenbezeichnung 231 K.

Die Station Calais Gare Maritime wurde erstmals 1849 eröffnet, um eine Verbindung für Passagiere der Kanal-Fähren nach England zu schaffen. Der 1889 umgebaute Bahnhof blieb bis 1995 bestehen, als nach der Eröffnung des Kanaltunnels der Personenverkehr eingeschränkt und zum Bahnhof Calais Ville zurückgenommen wurde.
John Worley/Online Transport Archive

Oben: Die von Marc de Caso entworfene Baureihe 141 TC umfasste 72 Loks und wurde ursprünglich für die Chemin de fer du Nord für den Einsatz im Vorortverkehr von Paris aus konstruiert. Die Tenderloks mit der Achsfolge D wurden zwischen 1932 und 1935 von mehreren Herstellern gebaut. Sie besaßen die gleiche Kesselbauart wie die frühere Pacific-Baureihe 231 C. Zwei Loks dieses Typs – die Nr. 141 TC 7, die 1933 von der Société Alsacienne de Constructions Mécaniques gebaut wurde, und die Nr. 141 TC 28, die von der Société Franco-Belge im selben Jahr gebaut wurde – sind hier abgebildet und warten im Sommer 1968 auf die Abfahrt aus Paris Gare du Nord. Die letzte Lok dieser Gattung wurde am 12. Dezember 1970 mit Abschluss der Elektrifizierung der von ihnen bedienten Vorortbahnen außer Betrieb genommen. Lok 141 TC 51 wird museal erhalten. *Harry Luff/Online Transport Archive*

Oben: In den Jahren 1948 und 1949 erwarb die Société Nationale des Chemins de Fer Luxembourgeois (CFL) 21 Kriegsloks der DR-Baureihe 42 (Bauart 1'E h2) mit den Nummern 5501 bis 5521 von der Wiener Lokomotivfabrik Floridsdorf. Die Loks liefen im schweren Güterverkehr mit Kohle- und Erzzügen bis nach Belgien und Frankreich und führten gelegentlich schwere Personenzüge. Im Jahr 1964 musterte die CFL alle Maschinen aus, Lok 5519 wird für die Nachwelt bewahrt. Hier ist Lok 5506 mit einem Richtung Süden fahrenden Personenzug bei der Ausfahrt aus dem Bahnhof der Hauptstadt Luxemburg zu sehen.

Zwischen Belgien, Frankreich und Deutschland gelegen, bieten die Eisenbahnen Luxemburgs Verbindungen in alle drei Nachbarländer und der erste Abschnitt – südlich von Luxemburg über Bettembourg bis zur französischen Grenze – wurde am 11. August 1859 eröffnet. Die Verbindung zur belgischen Grenze über Kleinbettingen erfolgte am 15. September 1859 und die nach Deutschland über Wasserbillig am 29. August 1861.
Marcus Eavis/Online Transport Archive

Oben: Unterhalb des Lokschildes von Lok 5513 – ebenfalls eine der aus Floridsdorf gelieferten ehemaligen Kriegsloks – sind farbige Punkte markiert; der linke zeigt die Wasseraufbereitung an, der mittlere den Weißmetallanteil in den Lagern und der rechte die Stahlfeuerung. Die CFL befand sich zu 51% im Besitz der luxemburgischen Regierung während die übrigen 49 Prozent der Anteile von der belgischen und der französischen Regierung gehalten wurden. Die CFL wurde am 17. April 1946 gegründet, konnte aber erst im Juni 1947 die Kontrolle über das nationale Streckennetz übernehmen. Mitte der 1950er Jahre begann die Elektrifizierung des Netzes, so dass am 28. September 1956 die ersten elektrischen Züge auf der Strecke von Kleinbettingen nach Bettembourg über Luxemburg-Stadt fuhren.
Marcus Eavis/Online Transport Archive

3513

Links: Einer der Vorläufer der CFL war die Compagnie de Chemins de Fer Prince-Henri (benannt nach Prince Henri, dem damaligen Gouverneur von Luxemburg). Sie war 1869 gegründet worden, um eine Hauptstrecke von Esch-Alzette nach Steinfort mit mehreren Zweistrecken zu bauen. Die ersten Abschnitte wurden am 1. August 1873 eröffnet, aber das Unternehmen befand sich bald in finanziellen Schwierigkeiten und wurde daher 1879 zur Société Luxembourgeoise des Minières et Chemins de Fer de Prince Henri umgewandelt. Zwischen 1914 und 1918 erhielt das Unternehmen 13 leistungsstarke Tenderloks mit der Achsfolge 1'C1' und bezeichnete sie zunächst als Baureihe L, bevor diese später bei der CFL zur Baureihe 35 wurden. Die von der Maschinenbau-Gesellschaft Karlsruhe (Loks 251 bis 256) und der Arnold Jung Lokomotivfabrik (Loks 257 bis 263) gebauten Lokomotiven wurden bei der CFL unter den Nummern 3501 bis 3513 eingereiht. Das Bild zeigt die letzte im Jahr 1918 ausgelieferte Lok dieser Reihe im Bahnhof von Pétange im April 1961. Zwei Maschinen (256 und 259) verschlug es während des Krieges nach Österreich und Deutschland, wo sie schon Ende der 1940er Jahre abgestellt wurden. Die restlichen elf Loks der CFL blieben in Luxemburg noch mindestens bis 1957 im Einsatz. Die letzten Exemplare verschwanden dort erst 1963 von den Gleisen.
Geoffrey Morant/Online Transport Archive

Oben: Neben der Baureihe 55 erwarb die CFL weitere 20 Loks mit derselben Achsfolge (1'E), die auf der Basis der deutschen Baureihe 52 entstanden. Diese Maschinen erhielten die Nummern 5601 bis 5620. Die ersten zehn Exemplare gehörten zu einem Los von 100 Loks, die unmittelbar nach dem Krieg in Belgien gebaut wurden (die restlichen 90 Maschinen kamen als Baureihe 26 zur SNCB). Die nächsten zehn Loks fertigte 1947 die Elsässischen Maschinenbau-Gesellschaft Grafenstaden. Hier ist mit 5609 eine der in Belgien gebauten Maschinen abgebildet, die auf ihren nächsten Einsatz in Luxemburg wartet. Alle CFL-Lokomotiven dieses Typs und auch alle 90 Exemplare der SNCB wurden verschrottet. Daher erwarb man schließlich eine ähnliche Lokomotive aus Polen und arbeitete sie als SNCB-Lok Nr. 26.101 auf.
Charles Firminger/Bob Bridger Collection/Online Transport Archive

Rechts: Die Rotterdamsche Tramweg Maatschappij (RTM) betrieb ein meterspuriges Schmalspurnetz zu den abgelegenen Gemeinden im Südwesten von Rotterdam. Der erste Abschnitt wurde im Mai 1898 eröffnet und der letzte Abschnitt im Februar 1966 stillgelegt. Der Abschnitt von Spijkenisse nach Oostvoorne wurde am 1. September 1906 eröffnet und sollte mit einer Verbindung zum Strand von Oostvoorne die lokale Wirtschaft ankurbeln. Die Strecke wurde 1950 leicht verlängert, dann aber am 23. September 1965 endgültig eingestellt. Insgesamt hatte RTM auf ihrem Netz 58 Dampflokomotiven in Betrieb; die letzten drei – darunter die Lok 56, die hier während einer Sonderfahrt mit Straßenbahnfreunden im Jahr 1961 in Oostvoorne zu sehen ist – wurden 1920 von Orenstein & Koppel geliefert. Die Loks 56 und 57 sowie zwei weitere Dampflokomotiven sind erhalten geblieben. Heute erinnert eine Museumsbahn an das interessante Unternehmen.
Les Folkard/Online Transport Archive

370

Oben: Die Wurzeln der Baureihe 74 (Achsfolge 1'C) finden sich bei der Gattung T12 der Preußischen Staatseisenbahn, die ihrerseits die Heißdampf-Ausführung der früheren T11 war. Im Jahr 1902 wurden vier Prototypen gebaut, aber erst 1905 mit der Serienproduktion begonnen, wobei Exemplare auch an die elsässisch-lothringischen Staatsbahnen, an die Lübeck-Büchener Eisenbahn und an die Halberstadt-Blankenburger Eisenbahn verkauft wurden. 1921 baute Borsig noch einmal 40 Exemplare. Nachdem die Baureihe 74 lange wegen ihrer guten Beschleunigung vor allem auf den Vorortstrecken rund um Berlin mit deren geringen Stationsabständen erfolgreich eingesetzt worden waren (bis diese als Teil der Stadtbahn zwischen 1924 und 1929 elektrifiziert wurden), kam die Baureihe später vor allem im Rangierdienst sowie im Personen- und Güternahverkehr auf kurzen Strecken zum Einsatz. Durch die schnelle Erschöpfung der Kesselreserve und auch die geringen Wasservorräte waren diese Loks nicht für längere Strecken geeignet. Insgesamt gelangten 899 Exemplare zur Deutschen Reichsbahn-Gesellschaft (DRG), die diese Loks zwischen 1924 und 1937 unter den Nummern 74 400 bis 74 543 und 74 545 bis 74 1300 im Bestand führte. (Lok 544 hatte an Belgien abgegeben werden müssen.) Weitere zehn Loks kamen von der Saarbahn und elf im Jahr 1938 noch von der Lübeck-Büchener Eisenbahn, bei der fünf von ihnen entsprechend der Mode der Zeit noch eine Stromlinienverkleidung erhalten hatten. (Diese erwies sich im Wendezug-Einsatz mit den Doppelstockwagen der LBE jedoch bald als überflüssig und so wurde sie nach dem Krieg wieder entfernt.) Das Bild zeigt Lok 74 409 bei der Anfahrt auf Trier Ende 1959. In Westdeutschland wurden die letzten Exemplare dieser Baureihe 1968 abgestellt; zwei Maschinen sind dort erhalten.
Les Folkard/Online Transport Archive

Rechts oben: Die Maschinenbau-Gesellschaft Karlsruhe baute 1918 sieben Meterspur-Mallets (Achsfolge B'B) für die Heeresfeldbahnen (zunächst als HK 94 bis HK 100 bezeichnet). Zwei von ihnen kamen nach dem Ersten Weltkrieg zur Eisenbahn Haspe-Voerde-Breckerfeld (HVB). Nach deren Elektrifizierung wurde 1928 eine der beiden Loks an die Süddeutsche Eisenbahn-Gesellschaft (SEG) verkauft, die sie unter der Nummer 105 auf der meterspurigen Bahnstrecke Zell im Wiesental – Todtnau einsetzte. Eröffnet worden war diese Strecke im Südschwarzwald am 7. Juli 1889. Diese knapp 19 Kilometer lange Bahnlinie kam nach Ablauf der Konzession am 1. Januar 1953 zur Mittelbadischen Eisenbahn Gesellschaft (MEG). Die Aufnahme vom 10. August 1960 zeigt Lok 105 in Zell im Wiesental beim Rangieren eines auf Rollböcken verladenen Normalspurwagens. Der Personenverkehr auf der Strecke wurde am 25. September 1960 eingestellt, der Güterverkehr folgte fast exakt sieben Jahre später. Lok 105 blieb jedoch erhalten und gehört heute zur Museumsbahn Blonay – Chamby in der Schweiz.
Charles Firminger/Bob Bridger Collection/Online Transport Archive

Rechts: Die Zabergäubahn war eine 750-mm-Schmalspurbahn, die Leonbronn mit der Hauptstrecke Stuttgart – Heilbronn in Lauffen am Neckar in Baden-Württemberg verband. Die Eröffnung der Strecke erfolgte in zwei Etappen: am 28. August 1896 bis Güglingen und am 18. Oktober 1901 bis Leonbronn. Die Strecke wurde zwischen dem 3. Mai 1964 und dem 25. Juli 1965 auf Normalspur umgestellt und konnte so wesentlich beschleunigt werden. Das sicherte ihr Überleben bis zum Juli 1986, als der Personenverkehr endgültig eingestellt wurde. Lok 99 672 ist auf dieser Aufnahme im August 1961 vor dem Schuppen in Güglingen zu sehen. Sie war eine von 47 Lokomotiven, die zwischen 1923 und 1927 an die Deutsche Reichsbahn-Gesellschaft (DRG) als Nachbau der bewährten Bauart VI K geliefert worden waren. Die abgebildete Lokomotive wurde 1923 von Henschel & Sohn gebaut und wegen des Umbaus der Strecke auf Normalspur abgestellt. Die Schwesterlok 99 716 wird dagegen bei der Öchsle-Museumsbahn erhalten. Für die Zabergäubahn ist derzeit eine Reaktivierung in der Diskussion.
Phil Tatt/Online Transport Archive

Oben: 39 079 gehört zu einer Serie von zwölf Loks, die Krupp 1924 baute. Hier ist die Maschine im März 1962 im Stuttgarter Hauptbahnhof zu sehen. Die Baureihe 39 – auch bekannt als preußische P 10 – umfasste insgesamt 260 Loks mit der Achsfolge 1'D1' h3, die zwischen 1922 und 1927 entstanden. Ursprünglich war diese Baureihe noch für die Preußische Staatsbahn entworfen worden, was vor allem 1919 unter Leitung des Oberingenieur August Meister von den Borsig-Werken erfolgte. Doch die ersten Exemplare wurden schon an die 1920 neu gegründete Deutschen Reichsbahn geliefert. Nach dem Zweiten Weltkrieg wurde ein Teil der Baureihe an die PKP (Polnische Staatsbahn) abgegeben, während 152 Maschinen bei der Deutschen Bundesbahn (DB) blieben. Ihr letztes Einsatzgebiet in der Bundesrepublik war der Raum Stuttgart, wo die letzten drei Exemplare 1967 abgezogen wurden. Von der Baureihe sind zwei Exemplare (39 184 und 39 230) erhalten. Die Deutsche Reichsbahn der DDR rekonstruierte die bei ihr verbliebenen Loks zur Baureihe 22.
Phil Tatt/Online Transport Archive

Rechts: Während oben Straßenbahnen vorbeifahren, wartet eine DB-Schnellzuglok 01 228 (Henschel & Sohn 1938) auf ihre Abfahrt auf den Gleisen Richtung Süden im Hamburger Hauptbahnhof im Jahr 1963. Von den Zweizylinderloks der Baureihe 01 wurden zwischen 1926 und 1938 insgesamt 231 Exemplare ausgeliefert. Die erste Einheitsdampflokomotive der Deutschen Reichsbahn Gesellschaft (DRG) der Bauart 2'C1'h2 galt seinerzeit als eine der leistungsfähigsten Schnellzuglokomotive. Die abgebildete Lok 01 228 war eine der letzten, die fertiggestellt wurden. Insgesamt 165 Maschinen der Baureihe 01 verblieben nach ihrer Gründung am 7. September 1949 bei der Deutsche Bundesbahn (DB). Nach 1957 wurden 50 Loks dieser Baureihe – darunter auch 01 228 – mit leistungsstarken geschweißten Kesseln und einem Mischvorwärmer in der Rauchkammer umgebaut. Die umgebauten Lokomotiven waren aufgrund ihrer modifizierten Front und Rahmen gut erkennbar. Die letzten '01er' wurden im Juni 1973 abgestellt, 01 228 hatte schon im März 1968 – bereits versehen mit ihrer neuen EDV-Nummer 001 228-6 – den Dienst quittieren müssen. Mehrere Exemplare der Baureihe 01 sind noch erhalten. *Charles Firminger/Bob Bridger Collection/Online Transport Archive*

Oben: Die Bottwartalbahn gehörte ebenso zu den württembergischen Schmalspurbahnen. Die zwischen 1894 und 1900 in Etappen eröffnete Strecke verband Marbach mit Heilbronn und besaß ebenfalls eine Spurweite von 750 mm. Mit einer Länge von 37 Kilometern war sie die längste Schmalspurbahn der Königlich Württembergischen Staats-Eisenbahnen (KWStE). Obwohl nach dem Zweiten Weltkrieg die Dieseltraktion auf der Strecke eingeführt wurde, verschlechterte sich ihre wirtschaftliche Situation Anfang der 1960er Jahre durch den Wettbewerb mit dem Auto und so wurde der Personenverkehr am 24. September 1966 eingestellt. Der Güterverkehr auf dem verbleibenden Schmalspurabschnitt wurde noch bis zum 30. September 1968 fortgeführt. Die Aufnahme von Phil Tatt aus dem Sommer 1965 zeigt Lok 99 650 mit einem Personenzug mit Güterbeförderung in Oberstenfeld Richtung Marbach. Die Maschine zählte zu den 15 E-Kupplern, die Henschel & Sohn Ende des Ersten Weltkriegs ursprünglich für die Heeresfeldbahnen gebaut hatte, dann aber von den Sächsischen Staatsbahnen erworben wurden. Zwei Loks dieses Typs (99 650 und 99 651) wurden zwischen 1928 und 1964 auf der Strecke von Biberach an der Riß nach Ochsenhausen (dem »Öchsle«) eingesetzt, bevor sie an die Bottwartalbahn übergeben wurden. Nach der Stilllegung der Strecke zwischen Heilbronn und Marbach wurde Lok 99 650 verschrottet. Die Schwesterlok Nr. 99 651 ist erhalten geblieben und ist derzeit auf der Öchsle-Museumseisenbahn beheimatet, nachdem sie mehrere Jahrzehnte in Steinheim an der Murr als Denkmal stand. *Phil Tatt/Online Transport Archive*

Oben: Im Bahnhof Westerland auf der Nordseeinsel Sylt wartet die Einheitslok 03 066. Diese Baureihe mit der Achsfolge 2'C1' wurde erstmals 1930 als leichtere Version der früheren Baureihe 01 beschafft. Bis Nummer 03 123 betrug die maximale Achslast 17 Tonnen, für nachfolgende Lokomotiven wurden diese auf 18 Tonnen erhöht. Insgesamt 298 Maschinen wurden bis zum Ende der Serienfertigung im Jahr 1938 gebaut. Die 03 066 entstand 1932 Henschel & Sohn und sollte bis zu ihrer Abstellung im Juli 1967 im Einsatz bleiben. Im Folgejahr waren nur noch 45 Loks dieser Gattung im Einsatz – darunter eine Maschine beim Bw Husum und 13 Maschinen beim Bw Hamburg-Altona. Ihre letzten 03er stellte die Bundesbahn 1971 ab.

Sylt erhielt erst am 1. Juni 1927 mit der Eröffnung des Hindenburgdamms Bahnanschluss. Für die Erschließung der weitläufigen Insel gab es aber schon seit 1888 eine urige Meterspurbahn, deren Schienen in den Dünen regelmäßig unter Sandverwehungen verschwanden. Deren Gleisanlagen sind am linken Bildrand zu erkennen. Die Hauptbahnstrecke nach Hamburg (»Marschbahn«) ist auch heute noch die einzige Verbindung zur Insel und im Abschnitt zwischen Sylt und Niebüll mit Autozügen, Intercity- und Nahverkehrszügen völlig überlastet, da die Strecke immer noch mehrere eingleisige Abschnitte aufweist. Die Notwendigkeit des Ausbaus wurde erst nach massiven Protesten aus der Region anerkannt. Bei Manuskript-schluss hielten die häufigen Betriebsstörungen an, die vor allem für die mehreren tausend Pendler täglich erhebliche Belastungen bedeuten, da sie keine Alternative zur Bahn haben: Sie arbeiten auf Sylt, wohnen jedoch auf dem Festland, da es auf der Insel kaum noch günstige Wohnungen gibt.
Phil Tatt/Online Transport Archive

Oben: Im August 1966 fotografierte Phil Tatt die 23 076 in Lingen. Die Baureihe 23 (Achsfolge 1'C1') wurde bei der Deutschen Bundesbahn (DB) ab 1950 für den Einsatz vor Eil- und Personenzügen beschafft und sollte vor allem die P8 (Baureihe 38.10–40) ersetzen. Ihre Konstruktion beruhte auf den von Friedrich Witte entwickelten Baugrundsätzen für die Neubaudampfloks der DB. So wies sie etwa einen geschweißten Rahmen und einen Kessel mit Verbrennungskammer und Heißdampfregler auf. Bis 1959 wurden insgesamt 105 Maschinen von vier Herstellern – Henschel & Sohn (29), Arnold Jung Lokomotivfabrik, Jungenthal (51), Krupp (21) und Maschinenfabrik Esslingen (4) – gebaut. Lok 23 105 war die letzte Dampflokomotive, die für den Einsatz bei der DB gebaut wurde. Die hier abgebildete Lok 23 076 lieferte Arnold Jung 1956. Im Oktober 1975 wurde sie abgestellt, jedoch zwei Jahre später von der niederländischen Museumsbahn Veluwsche Stoomtrein-Matschappij (VSM) erworben, wo sie heute mit ihrer Schwesterlok 23 071 eingesetzt wird. Neben einer weiteren Lok in den Niederlanden sind in Deutschland fünf Maschinen dieses Typs erhalten.
Phil Tatt/Online Transport Archive

Oben: Die beiden 1957 von Krupp gebauten Schnellzuglokomotiven der Baureihe 10 waren eigentlich als Vorausserie für die Ablösung der älteren Dampflokbaureihen 01, 03, 18.5 und 39 gedacht. Doch einerseits waren diese neuen Loks durch ihre hohe Achslast von 22 t nur auf wenigen Strecken einsetzbar und andererseits erwiesen sie sich im Vergleich mit Diesel- und Elektrolokomotiven (Baureihe V 200 bzw. E 10) aus dieser Zeit schon als unterlegen. Außerdem ging der Traktionswechsel bei der Deutschen Bundesbahn schneller als geplant vonstatten. Daher wurden keine weiteren Exemplare dieser Type mehr gebaut. Lok 10 001 verfügte anfangs nur über eine Ölzusatzfeuerung wurde dann aber, wie hier auf dem Foto von 1966 zu sehen, auf eine Ölhauptfeuerung umgestellt, die die ein Jahr später ausgelieferte Schwesterlok 10 002 von Anfang an besaß. Das Duo wurde zunächst im Bahnbetriebswerk Bebra stationiert, bevor die Loks 1962 zum Bw Kassel umgesetzt wurden. Dort bespannten sie meist Eil- und Schnellzüge nach Gießen. Nach einer gebrochenen Schieberstange im Januar 1967 wurde 10 002 abgestellt und fünf Jahre später verschrottet; Lok 10 001 verkehrte danach vor Zügen von und nach Münster bis auch sie am 21. Mai 1968 ausgemustert wurde. Die Lok ist nicht betriebsfähig im Deutschen Dampflokmuseum Neuenmarkt-Wirsberg erhalten.
Charles Firminger/Bob Bridger Collection/Online Transport Archive

Oben: Am 8. November 1966 fotografierte Charles Firminger die 44 1366 in Bullay mit einem Güterzug. Die 1926 eingeführte Dreizylinder-Baureihe mit der Achsfolge 1'E gehörte zu den Einheitsdampflokomotiven, die nach 1925 von der DRG in größeren Stückzahlen beschafft wurden. Bis zur Einstellung der Fertigung im Jahr 1949 wurden insgesamt 1.989 Exemplare dieses Typs gebaut, darunter auch zahlreiche Maschinen der für die rationellere Fertigung in Kriegszeiten vereinfachten Version als Baureihe 44ÜK (ÜK steht für »Übergangskriegslokomotive«). Immerhin 1.242 Loks der Baureihe 44 kamen noch zur DB. Nach dem Krieg war die Baureihe neben Ostdeutschland auch in Polen, der Tschechoslowakei, Österreich und Frankreich zu finden. Ende der 1950er Jahre baute man 32 DB-Lokomotiven der Reihe 44 wegen des sehr hohen Kohleverbrauchs auf Ölfeuerung um und benannte sie konsequenterweise in Baureihe 43 um. Die Baureihe 44 wurde von den deutschen Lokbesatzungen wegen ihrer großen Zugkraft auch »Jumbo« genannt. Die letzten »Jumbos« gingen 1977 außer Betrieb. Die 43 1366 wurde als eine der Baureihe 44ÜK im Jahre 1942 von Krupp fertiggestellt. Sie sollte fast genau ein Vierteljahrhundert in Betrieb sein, bevor sie im Januar 1967 ausgemustert und im folgenden Jahr verschrottet wurde.
Lok 44 903 absolvierte am 26. Oktober 1977 die letzte Fahrt einer Dampflok in Deutschland. Hierzulande sind noch zwei Loks dieses Typs betriebsfähig, eine weitere fährt in den Niederlanden. Außerdem sind zahlreiche Loks dieses Typs erhalten geblieben, darunter auch solche, die Krupp 1942 zusammen mit der abgebildeten Lok 44 1366 lieferte.
Charles Firminger/Bob Bridge Collection/Online Transport Archive

Oben: Zu den erfolgreichsten Typen des Einheitsdampflok-Programms gehört zweifellos die 1939 erstmals gebaute Güterzuglokomotive der Baureihe 50 (Achsfolge 1'E). Bis zur Einstellung der Produktion im Jahr 1948 wurden 3.164 Stück hergestellt. Davon verblieben 2.159 Maschinen bei der DB, die somit in den 1950er und 1960er Jahren Rückgrat im Güterverkehr der DB bildeten. Obwohl schon viele Loks abgestellt worden waren, als die DB 1968 neue EDV-Nummern einführte, waren zu dem Zeitpunkt immer noch rund 1.450 Exemplare im Betrieb. Die Aufnahme vom 17. Juli 1967 zeigt 50 341 an der Spitze eines Güterzuges in Köln. Die 1940 von Henschel & Sohn gebaut Lok wurde 1968 in 050 341-7 umgezeichnet. Sie blieb bis März 1974 im Einsatz. Die Ära der Baureihe 50 endete drei Jahre später mit der Abstellung der letzten Exemplare.
John Worley/Online Transport Archive

Rechts: Am 15. September 1967 verlässt eine Dampflok der Baureihe 41 den Columbuskai in Bremerhaven. Die Baureihe 41 gehörte zu den Einheitsdampflokomotiven und war Mitte der 1930er Jahre entwickelt worden, um dem Bedarf der DRG an einer schnellen Lok für den Güterverkehr zu stillen. Nach dem Entwurf von Friedrich Wilhelm Eckhardt wurden die ersten beiden Prototypen 1937 fertiggestellt und im Oktober 1938 die Großserienproduktion aufgenommen. Bis Juni 1941 wurden 366 Maschinen von zahlreichen Herstellern gefertigt – darunter auch Borsig, Krupp und Orenstein & Koppel. Nach dem Krieg verblieben 216 Loks bei der DB und 122 bei der DR. Zwischen 1957 und 1961 erhielten 107 der DB-Loks neue, vollständig geschweißte Verbrennungskammerkessel. 40 der umgebauten Lokomotiven ließ die DB auf Ölhauptfeuerung umrüsten. Sie wurden ab 1968 als Baureihe 042 bezeichnet. Während die kohlegefeuerten 041er schon 1971 aus dem aktiven Dienst ausschieden, gehörte die Baureihe 042 zu den letzten bei der Bundesbahn noch aktiven Dampfloks. Acht DB-41 sind erhalten.
Alan Murray-Rust/Online Transport Archive

Oben: Im September 1967 fotografierte Phil Tatt die Tenderlok 94 871 (pr. T 16.1) auf dem Weg zum Rangierbahnhof Rothenburgsort (im Osten der Hansestadt), als diese gerade die Billhorner Brückenstraße passiert. Die Gattung T 16.1 hatte die Preußische Staatsbahn aus der T 16 vor allem für den schweren Rangierdienst entwickelt. Bis zum Ende der Produktion 1924 fertigten fünf Hersteller insgesamt 1.242 Exemplare dieser Type. Auch nach dem Zweiten Weltkrieg wurde sie in Ost- und Westdeutschland eingesetzt. Ihre letzten Exemplare musterte die DB 1974 aus. Die abgebildete Lok, im Jahr 1919 von BMAG gebaut, wurde im Oktober 1968 abgestellt.
Phil Tatt/Online Transport Archive

Oben: Die von Robert Garbe für die Preußische Staatsbahn entworfene Gattung G 8.1 (Bauart D h2) war eine Weiterentwicklung der G 8 und wurde erstmals 1913 eingeführt. Diese neue Bauart hatte bei größeren Kesseln eine höhere Zugkraft als ihre Vorgängerin, war aber durch ihre höhere Achslast in ihren Einsatzmöglichkeiten eingeschränkt. Obwohl eigentlich für den Güterzugdienst konzipiert, wurde die G 8.1 auch im Rangierdienst eingesetzt. Zwischen 1934 und 1941 erhielten noch fast 700 Maschinen eine Vorlaufachse, die die Laufeigenschaften verbesserte. Damit konnte die Höchstgeschwindigkeit von 55 auf 70 km/h angehoben werden. Nach dem 2. Weltkrieg waren noch mehr als 1.000 Exemplare der Baureihe im Einsatz, und 1968 (bei der Einführung der EDV-Nummer 055) standen immerhin noch 50 Exemplare bei der Bundesbahn im Einsatz. Die letzten DB-Exemplare wurden Ende Dezember 1972 ausgemustert. Am 17. März 1968 wurde Lok 055 345-3 zusammen mit der Neubaudampflok 65 001 bei einer Sonderfahrt eingesetzt. Die ursprünglich 1915 mit der Nummer 55 3345 in Dienst gestellte Lok wurde bei Henschel und Sohn gebaut und ist erhalten — als einzige Lok dieses Typs, die bei der DB überlebt hat.
Charles Firminger/Bob Bridge Collection/Online Transport Archive

Oben: Am 22. Juni 1968 verlässt 65 003 den Hauptbahnhof von Darmstadt mit einem Vorortzug. Die DB-Neubaudampflok mit der Achsfolge 1'D2' wurde 1951 eingeführt, als Krauss-Maffei 13 Exemplare lieferte, die die Baureihen 78 und 93.5 ersetzen sollten. Zu diesem Zweck wurden sie den Bahnbetriebswerken Darmstadt, Düsseldorf, Remscheid-Lennep und Letmathe zugeteilt. Weitere fünf Lokomotiven (65 014 bis 65 018) wurden 1956 vom selben Hersteller gebaut und für den Wendezugbetrieb ausgerüstet. Aufgrund des begrenzten Fassungsvermögens für Kohle und des kleinen Wassertanks war die Reichweite eingeschränkt, so dass die Loks hauptsächlich im Nahverkehr zum Einsatz kamen. Nach einigen Anlaufschwierigkeiten und Problemen mit dem Fahrwerk erwies sich die Type bald als recht zuverlässig. Die erste Lok schied 1966 aus dem Bestand aus, bis Ende 1972 wurden die Übrigen außer Betrieb genommen. Nur ein Exemplar der Baureihe 65 blieb in den Niederlanden erhalten.
Les Folkard/Online Transport Archive

Oben: Aufgenommen am 24. August 1968 gegen 15.38 Uhr wartet 82 025 in Emden West auf ihre Abfahrt zum Bahnhof Emden Außenhafen. Als erste Neubaudampflok der Bundesbahn wurden 1950 und 1951 von Krupp 22 Exemplare und von Henschel & Sohn zehn Exemplare der Baureihe 82 gefertigt. 1955 lieferte die Maschinenfabrik Esslingen noch einmal neun Maschinen, so dass die Baureihe schließlich 41 Exemplare umfasste. 82 025 gehörte zu den 1950 von Henschel hergestellten Lokomotiven. Die gelieferten Maschinen wurden hauptsächlich auf den Rangierbahnhöfen in Bremen und Hamm sowie in Emden und Hamburg eingesetzt. Aber auch im Westerwald und Schwarzwald waren sie auf Steilstrecken anzutreffen. Um den Einsatz auf Strecken mit engen Kurvenradien bis zu 100 Metern (etwa bei der Hamburger Hafenbahn) zu erleichtern, besaßen die äußeren Kuppelradsatzpaare je ein Beugniot-Lenkgestell. Die letzte Maschine der Baureihe 82 wurde 1972 außer Dienst gestellt, erhalten blieb nur 82 008. Kurioserweise waren viele Maschinen der Baureihe 94 deutlich länger im Einsatz als die Baureihe 82 – dabei war ursprünglich geplant, mit der Baureihe 82 vor allem die Baureihe 94 zu ersetzen.
Charles Firminger/Bob Bridger Collection/Online Transport Archive

Rechts: Am 9. September 1968 erreicht 38 2259 mit einem Zug von Rottweil nach Stuttgart den Bahnhof Horb. Die legendäre P 8 (Bauart 2'C h2) entwarf Robert Garbe für die Preußische Staatsbahn. Charakteristisch war die einfache Konstruktion mit Heißdampf-Zwillingstriebwerk. Von 1906 bis einschließlich 1918 wurden 1887 Exemplare der P 8 für die deutschen Länderbahnen und die Militär-Eisenbahnen-Direktionen Brüssel und Warschau hergestellt. Die DRG reihte sie als Baureihe 38.10–40 ein.

Nach 1945 verblieben in den drei Westzonen 1253 Loks und in der SBZ etwa 700 Loks. Mehr als 500 Maschinen kamen auf mehr 50 Jahre Einsatzjahre! So wurden bei der DB die letzten Exemplare der Baureihe 038 – sie hatte 1968 ebenfalls eine EDV-Nummer erhalten – auch erst 1974 ausgemustert. Bis heute haben mehr als ein Dutzend Exemplare der P 8 in Deutschland und anderen Ländern überlebt.
Charles Firminger/Bob Bridger Collection/Online Transport Archive

Oben: Im September 1968 wird bereits am Bahnsteig von Aumühle gearbeitet, denn ab dem 1. Juni 1969 soll Hamburgs S-Bahn von Bergedorf über die Gleise der Hauptstrecke nach Berlin bis zu diesem Ort am Rand des Sachsenwalds verlängert werden. Aber noch besorgt die 1924 von den Vulcan-Werken Hamburg und Stettin gebaute Lok 78 521 den Pendelbetrieb auf der seinerzeit als S 6 bezeichneten Vorortbahnlinie zwischen Friedrichsruh und Bergedorf, wo zu diesem Zeitpunkt noch die Gleichstromzüge der S-Bahn enden. Gleich wird dieser Zug als »Dampf-S-Bahn« nach Bergedorf abfahren. Diese kurze Linie wurde im Wendezugbetrieb bedient und so waren einige Loks der Baureihe 78 (Bauart 2'C2' h2) entsprechend umgerüstet worden (wie weitere 78er u.a. auch für kurze Strecken im Raum Frankfurt und im Saarland). Wenn die Lok den Zug schob, bediente sie allein der Heizer, der vom Lokführer aus dem Steuerwagen an der Spitze des Zuges entsprechende Anweisungen über eine Sprechanlage erhielt. Der Lokführer konnte außerdem vom Steuerwagen aus die Bremse bedienen und den Regler schließen.

Nur wenige Wochen nach dieser Aufnahme wurde die Lok abgestellt und drei Monate später offiziell ausgemustert. Sie gehörte zur letzten Tenderlok-Baureihe, die für die Preußischen Staatseisenbahnen gebaut worden war, welche sie noch als T 18 bezeichnet hatte, als die ersten Maschinen 1912 ausgeliefert wurden. Bis 1927 wurden insgesamt 534 Maschinen gefertigt. Davon übernahm die DB 434 und die DR 53 Exemplare; die DB stellte die letzten Loks am 31. Dezember 1974 ab. Sieben Exemplare der T 18 sind in Deutschland, Polen und der Türkei heute noch vorhanden.
John Worley/Online Transport Archive

Oben: Am 8. August 1960 wird Lok 298.56 in Krimml für ihren nächsten Einsatz vorbereitet, bei dem sie den Nachmittagszug auf der Pinzgauer Lokalbahn, auch Pinzgaubahn oder Krimmler Bahn genannt, nach Zell am See befördern wird. Diese Tenderlok mit der Achsfolge C'1 gehört zur Reihe 298 der ÖBB, besser bekannt als Reihe U der kkStB. Die knapp über 53 Kilometer lange Strecke wurde ursprünglich am 3. Januar 1898 eröffnet. Anfangs war die wichtigste Beförderungsleistung der Holzverkehr, aber die Nähe zu den Krimmler Wasserfällen – dem größten Wasserfallsystem Österreichs – führte bald zu einer Zunahme des Tourismusverkehrs. Lok Nr. 298.56 wurde ursprünglich im Jahr 1900 von der Wiener Lokfabrik Floridsdorf für die NÖLB als Lok 2 gebaut. 1906 erhielt sie die Bezeichnung U.6 und 1922 wurde sie bei der BBÖ in U.56 umgezeichnet, bevor sie 1938 nach dem Anschluss Österreichs an das Deutsche Reich bei der Deutschen Reichsbahn (DR) zur 99 7822 wurde; sie behielt diese Nummer bis zur letzten Änderung im Jahr 1953. Im Jahr 1982 wurde die Lok abgestellt, blieb aber anschließend erhalten und ist heute bei der Stainzerbahn mit Sitz in Stainz stationiert.
Charles Firminger/Bob Bridger Collection/Online Transport Archive

Oben: Nach 1918 wurden aus dem österreichischen Teil der Kaiserlich-Königlichen Österreichischen Staatsbahnen (kkStB) die Deutschösterreichischen Staatsbahnen (DÖStB) und 1919 die Österreichischen Staatsbahnen (ÖStB). Diese wurden 1923 in Bundesbahnen Österreich (BBÖ) umbenannt; erst nach dem Zweiten Weltkrieg wurden sie 1947 als Österreichische Bundesbahnen (ÖBB) neu gegründet, nachdem die schweizerische Oensingen-Balsthal-Bahn diese bis dahin von ihr verwendete Abkürzung ÖBB zuvor aufgegeben hatte. Die Reihe 97.2 (kkStB/BBÖ Baureihe 69) umfasste 18 Tenderloks mit der Bauart C1'zzt-n2, die von der Lokomotivfabrik Floridsdorf AG zwischen 1890 und 1908 für den Betrieb auf der Erzbergbahn gebaut worden waren. Von dieser Normalspurstrecke zwischen Leoben und Hieflau wurde der erste Abschnitt (Leoben – Vordernberg) am 18. Mai 1872 eröffnet, aber die Strecke mit dem zentralen Zahnstangenabschnitt nach dem System Abt wurde erst Anfang der 1890er Jahre fertiggestellt. Obwohl die Anzahl der noch einsatzbereiten Dampflokomotiven seit dem Zweiten Weltkrieg allmählich zurückging, wurden die letzten erst 1978 außer Betrieb genommen und kurz darauf die Zahnstange endgültig abgebaut. Lok 97.217 die sich hier im Juli 1961 der Station Vordernberg nähert, war eine von fünf Maschinen dieses Typs, die schließlich mit Giesl-Ejektoren ausgestattet wurden. Die Lok blieb nach ihrer Abstellung erhalten und wird heute in Vordernberg ausgestellt.
Phil Tatt/Online Transport Archive

Rechts: Im Juli 1961 wurde die Tenderlok 77.17 (ÖBB-Reihe 77; Achsfolge 2'C1') in Gleisdorf südlich von Graz abgelichtet. Sie war eine von 85 Lokomotiven, die in vier Losen zwischen 1913 und 1928 gefertigt wurden. Die ersten Exemplare wurden als Baureihe 629 für die Südbahn gebaut und gingen später an die BBÖ über. Diese Type wurde nach der Annektierung Österreichs durch das Deutsche Reich 1938 in Baureihe 77 umbenannt. Weitere Lokomotiven dieser Bauart wurden in den 1920er und 1930er Jahren für die ČSD (Tschechoslowakische Staatsbahnen) als Baureihe 354 gebaut und nach dem 2. Weltkrieg gelangten einige Exemplare der BBÖ sowohl an die ČSD als auch an die JŽ (Jugoslawische Staatsbahnen). Vier Maschinen dieser Baureihe haben bis heute bei der ÖBB überlebt, eine bei der JŽ sowie drei bei der ČSD. *Phil Tatt/Online Transport Archive*

Rechts: Ebenfalls in Gleisdorf aufgenommen wurde im Juli 1961 die Lok 406 der Graz-Köflacher Bahn (GKB). Diese Lok mit der Achsfolge 2'B wurde ursprünglich 1896 von der Wiener Neustädter Lokomotivfabrik als Nr. 406 für die Südbahn gebaut, bevor sie bei der BBÖ als 503.14 eingereiht wurde. Nach ihrer Abstellung im Jahr 1927 wurde sie an die GKB verkauft, wo sie unter ihrer ursprünglichen Nummer weiterdampfte. Zum Zeitpunkt dieser Aufnahme näherte sich die Lokomotive schon dem Ende ihrer langen Laufbahn, denn sie wurde im darauffolgenden Jahr endgültig abgestellt und anschließend konserviert. Heute ist sie im Slowenischen Eisenbahnmuseum in Ljubljana ausgestellt. *Phil Tatt/Online Transport Archive*

Rechts: Zu Beginn des 20. Jahrhunderts wurde die Nordoststeiermark durch den Bau der Feistritztalbahn verkehrlich erschlossen. Diese Strecke von Weiz nach Birkfeld wurde später auf der Trasse einer Industriebahn bis nach Ratten verlängert. Die knapp 42 Kilometer lange Schmalspurstrecke (Spurweite 760 mm) sollte dazu beitragen, die reichen Holzvorkommen der Region sowie die Braunkohlevorkommen rund um Ratten zu erschließen. Der erste Abschnitt bis Birkfeld wurde im Dezember 1911 eröffnet, der Abschnitt nach Ratten wurde erst im Mai 1930 endgültig fertig gestellt. Für den Streckenabschnitt nach Ratten begann schon 1962 nach der Schließung des Braunkohlebergwerks als dem Haupt-Güterkunden der Bahn der Niedergang; im Februar 1971 wurde dieser schließlich ganz stillgelegt. Am 2. Juni 1973 wurde auch der regelmäßige Personenverkehr auf der 24 Kilometer langen Strecke Weiz – Birkfeld eingestellt. Zwei Jahre zuvor war jedoch neben dem Güterverkehr ein dampfbetriebener Touristenverkehr eingeführt worden, den man offiziell als »Bummelzugverkehr« bezeichnete, der sich rasch einer wachsenden Beliebtheit erfreute. Dieses von einem Verein betriebene Angebot wird heute noch auf dem erhaltenen Abschnitt von Weiz nach Birkfeld durchgeführt und der Nostalgiebetrieb schreibt heute sogar eine »schwarze Null«. Die Aufnahme vom Mai 1961 zeigt die Tenderlok U.7 (Achsfolge C'1) am Zwischenbahnhof Anger noch mit einem regulären Personenzug. Die U.7 wurde 1899 von Krauss im Werk Linz gebaut und war seit 1921 bei den Steiermärkischen Landesbahnen (StLB) beheimatet, wo sie noch immer im abgestellten Zustand vorhanden ist.
Phil Tatt/Online Transport Archive

Oben: Die Reihe 93 (ex BBÖ Baureihe 378) mit der Achsfolge 1'D1' wurde von Alexander Lerner vor allem für den Einsatz auf Nebenstrecken konstruiert. Dank ihrer geringen Achslast war sie dafür bestens geeignet. Sie war eine von zwei 1927 eingeführten Reihen (die andere war die Baureihe 392 s. Seite 92). Insgesamt wurden 167 Maschinen dieses Typs bis 1931 für die BBÖ hergestellt; weitere 26 Loks wurden während des Zweiten Weltkriegs für andere Eisenbahnen produziert. Von den 167 bei den BBÖ eingesetzten Maschinen wurden elf während des Krieges zerstört und 28 an Jugoslawien übergeben, so dass noch 128 nach dem Krieg von den ÖBB übernommen werden konnten. Die letzte Lok dieses Typs wurde 1982 abgestellt. Hier ist Lok 93.1427 (ex BBÖ 378.127) im Frühjahr 1964 beim Rangieren in Gmund zu sehen. *Harry Luff/Online Transport Archive*

Rechts: Am 21. Mai 1964 erwartet Lok 52.3512 ihren nächsten Einsatz im Lokschuppen am Grazer Hauptbahnhof in Gesellschaft von Diesellok 2050.16. Von den Kriegsloks der Baureihe 52 entstanden zwischen 1942 und 1948 mehr als 6.700 Exemplare. Insgesamt 13 Hersteller fertigten diese Lok-Type. Lok 52.3512 war 1943 bei Krauss-Maffel in München aus der Werkshalle gerollt und blieb genau 30 Jahre im Dienst. Die letzten bei den ÖBB im Einsatz befindlichen Loks dieser Baureihe wurden 1986 ausgemustert.
Charles Firminger/Bob Bridger Collection/Online Transport Archive

Rechts unten: Die rund 40 Kilometer lange Graz-Köflacher Bahn (GKB) von Graz nach Köflach wurde erstmalig in den frühen 1850er Jahren diskutiert. Eröffnet wurde sie erst im Juni 1859 für den Kohleverkehr und für den Personenverkehr am 3. April 1860. Die noch heute existierende Strecke wurde in den späten 1970er Jahren zu einem beliebten Treffpunkt für Enthusiasten, da sie zu den letzten Eisenbahnstrecken Österreichs gehörte, bei denen noch Dampfloks in Betrieb waren. Eine der Lokomotiven der Eisenbahn war die Tenderlok 301.109 mit der Achsfolge 1'C1', die am 21. Mai 1964 aufgenommen wurde. Ursprünglich war diese Maschine für die kkStB im Jahr 1900 als Lok 13009 von der Lokomotivfabrik der StEG gebaut worden. Fünf Jahre später wurde sie in 30.109 umbenannt. Im Jahr 1932 übernahm die GKB die Maschine, die heute noch erhalten ist. Von 1895 bis 1901 wurden insgesamt 113 Maschinen dieses Typs für die kkStB gebaut, wobei die letzten überlebenden Loks dieses Typs schließlich bei den ÖBB zur Reihe 90 umgezeichnet wurden. Die ÖBB stellten die letzten Loks der Reihe 1957 ab. Neben 30.109 sind heute noch die Loks 30.33 und 30.114 erhalten.
Charles Firminger/Bob Bridger Collection/Online Transport Archive

Oben: Am 21. Mai 1964 fährt Lok 56.3268 am späten Nachmittag mit einem Zug nach Wies-Eibiswald vom Grazer Köflacherbahnhof ab. Die Lok der Baureihe 56 weist die Achsfolge 1'D auf. Diese Type, die ab 1897 ursprünglich als Baureihe 170 für die kkStB gebaut wurde, entwarf ursprünglich der bekannte Konstrukteur Karl Gölsdorf. Die Produktion lief bis 1918, so dass fast 780 Maschinen dieses Typs fertiggestellt wurden. Nach der Auflösung von Österreich-Ungarn waren die Loks in der Tschechoslowakei, Ungarn und Jugoslawien sowie in Österreich selbst anzutreffen. Die BBÖ führten nach dem Ersten Weltkrieg ihre Maschinen ebenfalls als Reihe 170, bevor sie nach dem Anschluss Österreichs an das Deutsche Reich umgezeichnet wurden. Lok 56.3268 wurde ursprünglich als 170.679 in Dienst gestellt; bei ihrer Abstellung 1970 gehörte sie zu den letzten noch aktiven Dampfloks in Österreich. Von den ÖBB-Loks dieses Typs sind zwar keine mehr vorhanden, aber GKB-Lok 56.3115 sowie sieben Maschinen in Osteuropa blieben erhalten.
Charles Firminger/Bob Bridger Collection/Online Transport Archive

Rechts: Die zweite ab 1927 von den BBÖ beschaffte Type war die Reihe 478 (von den ÖBB später als Reihe 392 bezeichnet). Die 50 D-Kuppler waren vor allem für schwere Rangierarbeiten konstruiert worden und teilten sich mit der zeitgleich konstruierten Reihe 378 die wichtigsten Bauteile wie Kessel und Fahrwerk. Die Aufnahme zeigt Lok 392.2532 (ex BBÖ 470.32) am 22. Mai 1964 kurz vor ihrem Einsatzende bei Bruck an der Mur. Zwei Loks der Reihe 392 sind erhalten geblieben.
Charles Firminger/Bob Bridger Collection/Online Transport Archive

Oben: Am 22. Mai 1964 entstand in Salzthal dieses Foto von 35.212 (Achsfolge 1'C1'). Diese 1909 von der kkStB als Reihe 429 vorgestellte Zweizylinder-Verbundlok entwickelte Karl Gölsdorf, der Chefkonstrukteur Staatsbahnen, aus der Reihe 329 vor allem für den Personenverkehr. Nach erfolgreichen Probefahrten einer Zwillingsvariante, beschafften die kkStB von dieser schließlich 197 Stück (429.900–999 und 429.1900–1996).

Bei der Auflösung von Österreich-Ungarn wurde die Baureihe aufgeteilt, so dass Loks dieses Typs auch in der Tschechoslowakei, Ungarn, Italien, Polen, Rumänien und Jugoslawien sowie in Österreich selbst eingesetzt wurden, wo 87 Lokomotiven (46 Verbundloks und 41 Zwillingsloksloks) an die BBÖ übergingen. Diese reihte die DR 1938 als Baureihe 35 ein; nach dem Krieg wurden die erhaltenen Verbundlokomotiven erneut umbenannt, diesmal in die Reihe 135. Lok Nr. 35.212 wurde 1913 gebaut und hatte ursprünglich bei der kkStB die Bezeichnung 429.924; sie wurde im Dezember 1966 abgestellt.
Charles Firminger/Bob Bridger Collection/Online Transport Archive

Oben: Die schmalspurige Zillertalbahn (Spurweite 760 mm) in Tirol führt über eine Länge von fast 32 Kilometern vom Bahnhof Jenbach an der Hauptstrecke von Innsbruck nach Salzburg durch das Tal der Ziller bis Mayrhofen. Die Strecke wurde am 31. Juli 1902 feierlich in Betrieb genommen und existiert noch heute. Sie ist inzwischen abschnittweise zweigleisig ausgebaut. Konkret geplant ist eine Trassenverlegung, um auch die Talstation der Karspitzbahn und die Zillertal-Arena anzubinden. Außerdem soll ab 2023 der Regelbetrieb mit Wasserstofftriebwagen aufgenommen werden. Der Nostalgiebetrieb erfolgt weiterhin mit Dampfloks. Die Linzer Lokomotivschmiede von Krauss & Co lieferte im Jahr 1900 zwei Tenderloks (Achsfolge C'1) an die Bahn. Dabei handelte es sich um die Loks 1 *Raimund* und 2 *Zillertal.* Zu diesen gesellte sich 1902 auch noch eine dritte Lok aus dem Hause Krauss, die Lok 3 *Tirol.* Letztere wurde von Harry Luff Anfang des Jahres 1966 in Jenbach vor dem Vormittagszug nach Mayrhofen aufgenommen. Die Loks 2 und 3 sind betriebsfähig bei der Zillertalbahn noch vorhanden. Lok 1 steht dagegen heute im Jenbacher Museum.
Harry Luff/Online Transport Archive

Rechts: Die Steyrtalbahn war eine Schmalspurbahn mit 760 mm Spurweite, die Garsten mit Klaus verband. Außerdem wies sie eine Zweigstrecke von Pergern über Sierning nach Bad Hall auf. Beide Strecken hatten eine Gesamtlänge von rund 54 Kilometern und wurden zwischen 1868 und 1909 schrittweise eröffnet. Obwohl die Zweigstrecke 1933 bis Sierning verkürzt wurde, blieben der Rest und die Hauptstrecke bis in die 1960er Jahre in Betrieb. Der letzte betriebene Abschnitt von Garsten nach Grünburg wurde 1982 geschlossen, der größte Teil dieser Strecke wurde jedoch 1985 wiedereröffnet. Eine der Tenderloks der Strecke gehörte zur Reihe 298 (Achsfolge C'1). Sie ist als 298.102 hier in Pergern am 9. April 1966 zu sehen. Ursprünglich war dies die Lok 2 der Steyrtalbahn und hörte auf den Namen *Sierning*. Die Maschine wurde 1888 in Betrieb genommen und erst 1973 abgestellt. Sie ist erhalten und heute auf der Museumsbahn im Einsatz.
Charles Firminger/Bob Bridger Collection/Online Transport Archive

Links: Die Aufnahme vom 12. April 1966 zeigt Lok 770.95 (Achsfolge 1'B) mit dem Mittagszug von Kiernberg-Gaming bei der Ankunft in Neustift. Die Reihe 770 umfasste 97 Lokomotiven, die Krauss zwischen 1909 und 1915 für die Königlich Bayerischen Staats-Eisenbahnen produziert hatte, wo sie als Klasse Pt2/3 bezeichnet wurden. Die Deutschen Reichsbahn reihte sie als Baureihe 70 ein. Nach dem Zweiten Weltkrieg verblieben von dieser Baureihe 89 Exemplare bei der Deutschen Bundesbahn und vier Loks in Österreich, wo sie in den Bestand der ÖBB gelangten (770.86, 770.92, 770.95 und 770.96). Als letzte wurde 770.86 im Januar 1967 abgestellt, blieb aber erhalten.
Charles Firminger/Bob Bridger Collection/Online Transport Archive

Rechts: Für den Betrieb auf der 19 Kilometer langen Zahnradstrecke der Erzbergbahn lieferte Florisdorf 1942 zwei Tenderloks mit der Achsfolge 1'F an die Deutsche Reichsbahn. Ursprünglich als Baureihe 97.4 bezeichnet, wurde das Duo später von den ÖBB in die Klasse 297 eingereiht. Am 14. April 1966 stand 297.401 in Erwartung ihrer nächsten Aufgabe vor dem Vordenberger Schuppen. Zu diesem Zeitpunkt näherte sich die Lok bereits dem Ende ihrer Dienstzeit: Sie wurde 1968 abgestellt, blieb anschließend erhalten.
Charles Firminger/Bob Bridger Collection/Online Transport Archive

Oben: Die Deutschen Reichsbahn-Gesellschaft (DRG) beschaffte seit 1928 die Einheitstenderloks der Baureihe 86 (Achsfolge 1'D1'), von denen bis zur Einstellung der Produktion im Jahr 1943 insgesamt 775 Stück gebaut wurden. Die Konstruktion der ab 1942 gefertigten Exemplare war vereinfacht und wurde daher als »Übergangskriegslokomotiven« bezeichnet. Die auffälligste Änderung war der Verlust des zweiten Seitenfensters in den Führerständen. Nach dem Krieg blieb der größte Teil der Baureihe in der Bundesrepublik (385 Maschinen) und der DDR (175 Maschinen) in Betrieb, weitere Exemplare gingen an die ÖBB (29 Maschinen) sowie an die Sowjetunion, Polen und die CSSR. Die ÖBB stellte ihre letzte 86er erst 1972 außer Dienst.

Am 13. Juni 1968 ist 86 789 in Eisenerz mit dem Frühzug zu sehen, der planmäßig Leoben um 7.18 Uhr nach Hieflau verlassen hatte. Die Gegend um Eisenerz war eines der Zentren der österreichischen Eisen- und Stahlindustrie. Weil der Erzberg eine der reichsten Eisenerzquellen des Landes war, trug er zu Zeiten des Deutschen Reiches fast ein Viertel zur deutschen Eisenerzproduktion bei. Der Erzberg war mit der Erzbergbahn an den Ort Eisenerz angebunden, in dem es zeitweise über 25 eisen- und stahlproduzierende Hochöfen gab. Im Hintergrund der Aufnahme ist ein Teil der mit der Eisen- und Stahlverarbeitung verbundenen Infrastruktur zu sehen.
Charles Firminger/Bob Bridger Collection/Online Transport Archive

Oben: Die Brienz-Rothorn-Bahn (BRB) mit ihrer außergewöhnlichen Spurweite von 800 mm ist eine Zahnradbahn mit dem Abt-Doppellamellensystem, deren Strecke von Brienz bis zum Gipfel des Brienzer Rothorns (2244 Meter über dem Meeresspiegel) führt und rund 7,6 Kilometer lang ist. Die maximale Steigung für die Strecke beträgt 1 zu 4 und die Bahnlinie ist die vierthöchste in der Schweiz. Ursprünglich am 17. Juni 1892 eröffnet, wurde der Betrieb der BRB am 1. August 1914 infolge des Ersten Weltkriegs eingestellt. Erst am 13. Juni 1931 wurde die Strecke wieder in Betrieb genommen. Obwohl der Betrieb ruhte, waren regelmäßig Instandhaltungsmaßnahmen an Fahrzeugen und Strecke vorgenommen worden und so war die Bahn bei der Wiedereröffnung in gutem Zustand. Im Gegensatz zu den meisten anderen Schweizer Strecken war die BRB nie elektrifiziert, die Züge wurden meist mit Dampfkraft bewegt; seit 1973 gibt es auch Diesellokomotiven. Die Abbildung zeigt vor dem Brienzersee im Hintergrund einen Zug mit Lok 7 bei der Talfahrt nach Brienz im Juli 1963. Diese Lok mit der Achsfolge B'1 war die letzte von sieben Dampflokomotiven, die die Schweizerische Lokomotiv- und Maschinenfabrik in Winterthur zwischen 1891 und 1936 an die Bahn geliefert hatte. Wie bei vielen steilen Zahnradstrecken haben auch die Loks der BRB schräg zum Rahmen gestellte Kessel, um eine ausreichende Wasserabdeckung im Kessel bei steilen Steigungen zu gewährleisten.
Phil Tatt/Online Transport Archive

Oben: Eine weitere Aufnahme von Lok 7 der BRB vom 27. August 1964 zeigt die 1936 von SLM gebaute Lok, wie sie an der Zwischenstation Planalp die Aufmerksamkeit auf sich zieht. Die Station liegt etwa in der Mitte der Strecke und gehört zu dem gleichnamigen auf 1.341 Metern über Meereshöhe gelegenen Weiler oberhalb von Brienz, der heute überwiegend aus Ferienhäusern besteht.
John McCann/Online Transport Archive

Oben: Für die Eröffnung des ersten Abschnitts der späteren Rhätischen Bahn (RhB) von Landquart nach Klosters im Jahr 1889 und von dort nach Davos im folgenden Jahr lieferte die Schweizerische Lokomotiv- und Maschinenfabrik (SLM) fünf Dampfloks der Bauart G 3/4 (Achsfolge 1'C). Nach der Verlängerung dieser Bahn wurden 1896 drei Loks nachgeliefert (6 bis 8). Zwischen 1901 und 1908 wurden noch einmal acht dieser Loks von SLM angeschafft (9 bis 16). Die Elektrifizierung der Rhätischen Bahn zwischen 1913 und 1922 machte jedoch viele Dampflokomotiven der Strecke überflüssig und Ende der 1920er Jahre waren bei der RhB mit den Loks 11, 13 und 14 daher nur noch drei Maschinen dieser Type übrig geblieben. Diese führten nun als Rangierloks oder Reserveloks für Stromausfälle ein eher glanzloses Leben. Lok 13 wurde 1950 verschrottet, aber die beiden übrigen Maschinen waren noch bis in die 1970er Jahre im Einsatz. Lok 14 wurde 1972 und Lok 11 erst fünf Jahre später abgestellt. Beide konnten zusammen mit der schon 1928 für museale Zwecke hinterstellten Lok 1 erhalten werden. Lok 11 trägt übrigens zusätzlich den Namen *Heidi* nach dem gleichnamigen Film, in dem sie 1952 zu sehen war. Das Foto zeigt die Lok am 16. Juni 1966 in Landquart.
Charles Firminger/Bob Bridger Collection/Online Transport Archive

Links: Der erste Abschnitt der bekannten Albulastrecke der Rhätischen Bahn (RhB) wurde am 1. Juli 1903 und die zweite Etappe am 10. Juli 1904 eröffnet. Zwischen 1904 und 1915 wurde der RhB-Fuhrpark durch den Kauf von 29 Loks der Baureihe G 4/5 (Achsfolge 1'D) mit den Nummern 101 bis 129 verstärkt. Sie wurden von SLM gebaut. Allerdings hatten die meisten dieser Maschinen nur eine relativ kurze Laufbahn bei der RhB, da sie durch die fortschreitende Elektrifizierung schon 1919 weitgehend überflüssig wurden. Drei Loks wurden 1920 abgestellt und an die Ferrocarril de La Robla in Spanien verkauft. Zwei weitere Exemplare wurden 1924 an die Estrada de Ferro Maricá in Brasilien und sogar 18 Maschinen in 1926/27 an die Royal State Railways von Siam veräußert. Damit blieben nach dem Zweiten Weltkrieg noch sechs Loks bei der RhB in Betrieb. Vier davon wurden zwischen 1949 und 1952 abgestellt und ebenfalls an die Ferrocarril de La Robla abgegeben. Nur die Loks 107 und 108 (beide aus dem Baujahr 1906) wurden weiter bei der RhB für Sonderfahrten eingesetzt. Am 17. Juni 1966 ist Lok 107 in Filisur mit einem Sonderzug zu sehen. *Charles Firminger/Bob Bridger Collection/Online Transport Archive*

Rechts: Am 6. Juni 1968 steht ein Zug der Viztnau-Rigi-Bahn an der Endstation in Vitznau und wird gleich die 7,25 Kilometer lange Strecke nach Rigi Kulm hinaufdampfen und dabei die beachtliche Differenz von 1.440 Höhenmetern überwinden. Die von Niklaus Riggenbach, Ferdinand Adolf und Olivier Zschokke konstruierte normalspurige Rigibahn wurde am 21. Mai 1871 von Vitznau bis zur Rigi Staffelhöhe eröffnet. Am 27. Juni 1873 wurde die Strecke bis Rigi Kulm erweitert. Die Riggenbach-Zahnradbahn wurde 1937 elektrifiziert, aber zwei ihrer Dampflokomotiven (mit den Nummern 16 und 17) blieben für Sonderfahrten erhalten. Lok 16 wurde 1923 und Lok 17 zwei Jahre später von SLM gebaut. *Charles Firminger/Bob Bridger Collection/Online Transport Archive*

19.39

Links gegenüber: Am 6. Mai 1964 nahm Charles Firminger die Vierzylinderlok 19.39 der Bulgarischen Staatsbahn (BDZ) vor dem Schuppen in Septemvri auf. Dieser Lokomotivtyp mit der Achsfolge 1'E war für den gemischten Verkehr konzipiert. Die Reihe umfasste 70 Exemplare, die zwischen 1913 und 1918 von der Hanomag gebaut wurden und ursprünglich die Nummer 901 bis 970 trugen. Ausgestattet mit Überhitzern war die Baureihe für den Schwerlastverkehr auf steilen Strecken konzipiert. Zuletzt war ihr Einsatz auf den mittleren und östlichen Teil des Landes konzentriert, wurde aber Ende der 1960er Jahre bereits weitgehend auf Nebenstrecken verdrängt. Zwei Loks dieser Baureihe (19.25 und 19.62) haben überlebt.
Charles Firminger/Bob Bridger Collection/Online Transport Archive

Oben: Bulgarien verfügte – im Gegensatz zu anderen Ländern des Balkans – nicht über eine nennenswerte Anzahl von Schmalspurbahnen, aber das Land besaß zwei Schmalspurstrecken mit der Spurweite 760 mm, von denen eine Cerven Briag mit Orjahovo verband. Diese Strecke wurde in der Zeit unmittelbar nach dem Zweiten Weltkrieg mit 20 Loks der Achsfolge 1'E1' ausgestattet, die die Nr. 601^{76} bis 620^{76} erhielten. Die ersten zehn Exemplare wurden in der DDR gebaut, während der Rest vom polnischen Hersteller Chrzanów kam. Später wurden mehrere dieser Loks auf die zweite Schmalspurstrecke von Septemvri nach Dobrinishete umgesetzt. Dort waren am 7. Mai 1964 je eine Lok der beiden Hersteller – Nr. 612^{76} führend und 609^{76} dahinter – in Avramov Kolbe beim Wassernehmen. Die 100 Kilometer lange Strecke von Cerven Briag nach Orjahovo wurde 2002 stillgelegt. Fünf Loks dieser Gattung sind erhalten, von denen drei Maschinen – 609^{76} bis 611^{76} – auf der heute noch existierenden Schmalspurstrecke von Septemvri nach Dobrinishete im Einsatz sind.
Charles Firminger/Bob Bridger Collection/Online Transport Archive

Oben: Das Foto vom 4. August 1960 zeigt die Tenderlok 477.060 (Achsfolge 2'D2') in Prag (Vršovice).

Zwischen Oktober 1951 und Oktober 1952 lieferte ČKD 38 formschöne und auf dem neuesten Stand befindliche 2'D2'h3-Tenderloks der Baureihe 476.1 für den Personenverkehr auf Mittel- und Kurzstrecken an die Československé státní dráhy (ČSD; Tschechoslowakische Staatsbahnen) aus. Zunächst waren alle Vorräte hinter dem Führerhaus untergebracht. Doch die hohe Belastung des hinteren Drehgestells und ein Verschieben des Schwerpunkts nach stärkerem Verbrauch bereiteten zunehmend Probleme. Eine Reduzierung des hinteren Wasservorrats sowie der Anbau seitlicher Wasserkasten bei der 1955 erfolgten Lieferung einer 22 Exemplare umfassenden zweiten Serie behoben dieses Manko. Diese Loks, die bald den Spitznamen »Papagei« erhielten, wurden als 477 039 bis 060 eingereiht. Auch die ersten 38 Loks erhielten nun seitlich über dem ersten Kuppelradsatz kleine Wasserbehälter und wurden in 477 001 bis 038 umgezeichnet. Die mit modernster Technik ausgestatteten Maschinen – dazu zählten u.a. eine pneumatisch betätigte Abschlackeinrichtung, eine mechanische Rostbeschickung, ein Kylchap-Doppelblasrohr – galten damals als die schwersten Tenderloks Europas. Die letzten Exemplare wurden 1980 außer Dienst gestellt. Bis heute werden zwei Maschinen in der Tschechischen Republik und eine in der Slowakei erhalten.
Charles Firminger/Bob Bridger Collection/Online Transport Archive

Oben: Die Tschechoslowakischen Staatsbahnen (Československé státní dráhy, ČSD) wurden 1918 nach dem Zusammenbruch der österreichisch-ungarischen Monarchie im Ersten Weltkrieg gegründet. Die Baureihenbezeichnungen der ČSD basierten auf einem ausgeklügelten System. Von den drei Ziffern gab die erste die Anzahl der gekoppelten Achsen an; die zweite ergab nach der Addition von drei und der Multiplikation mit 10 die Höchstgeschwindigkeit in km/h; und wenn man zu der dritten Ziffer 10 addierte, erhielt man die maximal zulässige Achslast in Tonnen. Dementsprechend handelt es sich bei der Baureihe 475 (Achsfolge 2'D1') um eine Lokbauart mit vier gekuppelten Achsen und einer maximal zulässigen Geschwindigkeit von 100 km/h sowie einer Achslast von 15 Tonnen. Hier ist Lok 475.1143 am 24. Mai 1965 mit einem Personenzug bei der Einfahrt in Bratislava zu sehen. Insgesamt 147 Loks dieser Type wurden zwischen 1947 und 1950 von den Škoda-Werken gebaut, von denen die letzten bis 1980 im Betrieb standen. Vier 475er haben in Tschechien und zwei in der Slowakei überlebt.
Les Folkard/Online Transport Archive

Rechts: Ende der 1920er Jahre bestellte die ČSD eine Reihe leistungsstarker Tenderlokomotiven für den schweren Personennahverkehr. Das Ergebnis war die Klasse 446.0 (später 456.0 aufgrund einer erhöhten Höchstgeschwindigkeit) mit der Achsfolge 1'D2', die auf der früheren Klasse 455.1 (1'D) basierte. Insgesamt 27 Exemplare wurden zwischen 1928 und 1932 gebaut. Die Abbildung zeigt Lok 456.015 am 26. Mai 1965 in Košice.
Les Folkard/Online Transport Archive

Oben: Diese Aufnahme zeigt Lok 423.034 am 26. Mai 1965 in Zilina, eine Maschine der ehemaligen Gattung 423. Die Lok mit der Achsfolge 1'D1' war eine von 13 Maschinen, die Českomoravská Kolben im Jahre 1925 lieferte. Diese gehörte zu einer der von der ČSD eingeführten »Standard-Klassen« und war mit ihrer geringen Achslaste speziell für den Einsatz auf Nebenstrecken konstruiert. Das erste und dritte Baulos von je zehn Maschinen wurde ohne Überhitzer gebaut, während das zweite Los von zehn Maschinen (Nummern 423.11 bis 423.20) zum Vergleich mit Überhitzer ausgeliefert wurde. Das hat sich offensichtlich bewährt, so dass ab der Nummer 423.031 alle Loks mit einem Überhitzer ausgerüstet wurden. Die Produktion dieses Typs lief bis 1946, so dass schließlich 171 Loks vorhanden waren. Nach dem Krieg wurden sogar noch weitere 60 Loks mit einem leicht modifizierten Kessel gebaut und als Baureihe 433.0 bezeichnet. Die letzten Loks der Baureihe 423 wurden 1980 ausgemustert, einige blieben jedoch nach der Ausmusterung noch eine Zeit lang als Heizloks im Einsatz. Fünf Maschinen dieser Bauart sind heute noch erhalten. *Les Folkard/Online Transport Archive*

Oben: Im Jahre 1918 erwarb die ČSD 306 Lokomotiven der Baureihe 170 (Achsfolge 1'D) von der kkStB und ließ bis 1921 noch weitere 71 Exemplare im eigenen Land bauen. Insgesamt wurden schließlich 368 Verbundlokomotiven als Baureihe 434.0 eingereiht, aber die hohen Wartungs- und Betriebskosten der Type führten 1924 dazu, die Maschinen auf Überhitzer mit einfacher Expansion unter Verwendung neuer Zylinder umzurüsten. Kam das Umstellungsprogramm zunächst nur langsam voran, wobei die Arbeiten bei Skoda durchgeführt wurden, beschleunigte es sich ab 1930, so dass bis 1938 insgesamt 266 Maschinen umgerüstet waren. Während des Krieges wurden weitere 67 Maschinen umgebaut. Als 1951 die letzten Arbeiten abgeschlossen wurden, waren es insgesamt 345 umgerüstete Loks. In späteren Jahren wurden noch 127 Maschinen dieser Gattung mit Giesl-Ejektoren ausgestattet. Die Ausmusterung dieser Baureihe begann vor 1970, aber erst 1980 wurden mit der Ausmusterung der Loks 434.2243, 434.2315 und 434.2327 die letzten Exemplare abgestellt. Mehrere Maschinen haben überlebt, darunter auch 434.2186 bei der ČSD. Die Aufnahme zeigt Lok 434.202 am 31. Mai 1965 vor dem Bahnbetriebswerk Tesnov in Prag.
Les Folkard/Online Transport Archive

Oben: Im Jahr 1922 übernahm die ČSD die Buštěhradská dráha (BD; Buschtěhrad Eisenbahn), deren Streckennetz Nordwestböhmen mit Prag verband. Insgesamt kamen dadurch auch rund 250 Lokomotiven zur ČSD, darunter auch 96 Loks mit Außenrahmen und der Achsfolge C, die zwischen 1887 und 1907 von der Wiener Neustädter Lokomotivfabrik gebaut worden waren. Ursprünglich als 180 bis 277 nummeriert, wurden sie bei der ČSD als 324.301 bis 324.396 eingereiht. Eine Maschine dieses Typs (324.356) ist hier in Prag am 31. Mai 1965 zu sehen. Eine baugleiche Lok ist in der Tschechischen Republik erhalten.
Les Folkard/Online Transport Archive

Rechts oben: Die ČSD Baureihe 524.0 (Achsfolge E) wurde 1918 von den kaiserlich-königlichen österreichischen Staatsbahnen (kkStB) übernommen. Insgesamt 420 Exemplare dieser Baureihe waren zwischen 1911 und 1918 von mehreren Herstellern gebaut worden. Nach dem Ende der Donaumonarchie wurde diese Baureihe auf die Staatsbahnen der Tschechoslowakei, Jugoslawiens (dort Baureihe 28), Ungarns (dort Baureihe 520.5), Rumäniens (dort Baureihe 50) und Polens (dort Baureihe Tw12) verteilt. Eine der tschechischen Loks war 524.0268, die Les Folkard am 2. Juni 1956 in Benešov fotografierte. Keine der in der Tschechoslowakei verbliebenen Maschinen dieses Typs hat überlebt.
Les Folkard/Online Transport Archive

Rechts unten: 1947 beschaffte die ČSD von Škoda 40 Loks der Baureihe 498.0 mit der Achsfolge 2'D1', die als »Albatros« bekannt wurden. Diese Type war für den Einsatz im Schnellzugdienst als Ersatz für die ältere Baureihe 387 (Achsfolge 2'C1') vorgesehen. In den späten 1950er Jahren führte die fortschreitende Elektrifizierung der Strecken – wie z.B. auf der Strecke von Prag nach Česká Třebová (abgeschlossen im November 1957) – dazu, dass dieser Loktyp in andere Regionen, darunter Děčín, abgegeben wurde. Ihre Abstellung begann 1969 und war 1976 abgeschlossen; zwei Loks dieser Gattung sind erhalten geblieben. Das Foto zeigt Lok 498.015 am 2. Juni 1965 in Děčín.
Les Folkard/Online Transport Archive

524262

498015

Rechts: Die Aufnahme von 58 1044 der Deutschen Reichsbahn (DR) entstand am 2. Juni 1965 in Děčín in der Tschechoslowakei. Zwischen 1917 und 1921 hatten fast alle deutschen Lokfabriken größere Stückzahlen der Gattung G 12 (Bauart 1'E h3), die während des Ersten Weltkriegs entwickelt worden war, an die Länderbahnen von Preußen, Sachsen, Württemberg und Baden sowie an die Deutsche Reichsbahn geliefert. Nach dem Zweiten Weltkrieg verblieben bei der Deutschen Reichsbahn der DDR fast 1.150 Exemplare, von denen 1968 noch mehr als 300 im Einsatz waren; die letzten wurden erst 1976 ausgemustert.
Les Folkard/Online Transport Archive

Oben: Zwischen 1962 und 1965 rekonstruierte das Reichsbahnausbesserungswerk Meiningen der Deutschen Reichsbahn (DR) 35 »Pacifics« der Baureihe 01 zur Baureihe 01.5. Die DR reihte die Maschinen als 01 501 bis 01 535 in ihren Bestand ein. Zu jenem Zeitpunkt hatten die ursprünglichen Lokomotiven eigentlich das Ende ihrer Einsatzzeit erreicht, aber für den schweren Personenverkehr der DR waren sie noch unerlässlich. Zu den Arbeiten gehörte der Einbau eines neu konstruierten Kessels mit Verbrennungskammer. Optisch auffällig war eine neue Domverkleidung, die von der tschechischen Baureihe 477.0 inspiriert war und den Loks ein dynamisches Aussehen verlieh. Die aufwendig modernisierten Maschinen waren die leistungsstärksten Schnellzugdampfloks, die in Deutschland je im Einsatz waren. Die ersten 18 Loks wurden noch mit Kohlefeuerung gebaut, aber ab Lok 01 519 wurde eine Ölhauptfeuerung eingebaut. Die abgebildete 01 505 – hier im Bahnhof Bebra zu sehen vor einem Interzonenzug – war ursprünglich im Jahre 1934 als 01 121 gebaut worden; sie wurde 1962 umgebaut. Fünf Lokomotiven dieser Bauart sind heute noch vorhanden.
Charles Firminger/Bob Bridger Collection/Online Transport Archive

Oben: Zwischen 1897 und 1901 erhielt die Nordhausen-Wernigeroder-Eisenbahn-Gesellschaft zwölf Meterspurloks vom Typ Mallet mit der Achsfolge B'B; neun davon wurden von der Lokomotivfabrik Arnold Jung gebaut, die restlichen drei lieferte die Mecklenburgischen Maschinen- und Waggonbau AG in Güstrow. Sechs dieser Lokomotiven wurden im Ersten Weltkrieg vom Militär beschlagnahmt und nicht mehr zurückgegeben; die übrigen sechs wurden nach 1918 generalüberholt, wobei Lok 12 im Jahr 1927 bei einem Unfall einen Totalschaden erlitt. Mitte der 1950er Jahre wurden die fünf überlebenden Loks (99 5901 bis 99 5905) nach der Einführung neuer Lokomotiven von der Strecke Nordhausen – Wernigerode auf die Selketalbahn Gernrode – Hasselfelde umstationiert. Auf dieser wurde Lok 99 5903-2 im August 1970 in Alexisbad beim Rangieren fotografiert. Die Loks 99 5904 und 99 5905 wurden 1990 bzw. 1975 verschrottet, während die übrigen drei Loks immer noch bei den inzwischen privatisierten Harzer Schmalspurbahnen (HSB) eingesetzt werden.
Paul de Beer/Online Transport Archive

Internationaler Personenverkehr
Международное пассажирское сообщение
Deutsche Reichsbahn / Германские железные дороги
Kontrollkarte Nr A 52158
Контрольный купон №
1. Klasse
1 класс
2. Klasse
2 класс
Zug Nr ....
Поезда №
Wagen Nr ....
Вагон №
Platz Nr
Место №
Gruppenfahrkarte zur Buchfahrkarte Nr ....
Групповая поездка по купонной книжке №
Ausgabetag der Buchfahrkarte ....
Дата выдачи купонной книжки
Gültig nur in Verbindung mit der Buchfahrkarte
Годен только при наличии купонной книжки
для групповой поездки

Links: Die schmalspurige Waldeisenbahn Muskau (WEM) mit einer Spurweite von 600 mm wurde ab 1895 zu einem rund 48 Kilometer umfassenden Netz im Gebiet zwischen Muskau und Weißwasser in Sachsen ausgebaut. Ihr Zweck war die Erschließung der Wälder und der Rohstoffvor-kommen. Nach dem Ersten Weltkrieg konnte der Fuhrpark der WEM durch eine Reihe von Heeresfeldbahn-Lokomotiven ergänzt werden. So zählte die Waldeisenbahn Muskau im Jahr 1939 elf Dampflokomotiven und verfügte auch schon über eine Reihe von Dieselloks. 1951 wurde ihr Netz in die Deutsche Reichsbahn eingegliedert. Zum Zeitpunkt dieser Übernahme waren bei der WEM auch fünf ehemalige Militärlokomotiven der nach 1901 entwickelten Konstruktion »Brigadelokomotive« eingesetzt, die von 1905 bis Kriegsende in großer Stückzahl produziert worden waren. Zu diesen Exemplaren zählte Lok 99 3313, die auf dem Bild von Bernard Harrison vom 26. August 1970 in Bad Muskau zu sehen ist. Zwischen 1951 und 1956 kamen außerdem noch drei »Brigadelokomotiven« aus Polen und Lettland zur WEM.

Alle Dampflokomotiven der WEM wurden Mitte der 70er Jahre abgestellt, da das Schmalspur-Netz rationalisiert werden sollte. Alle acht Brigadeloks sind heute noch erhalten, zwei davon bei der WEM und je eine in Schweden und der Schweiz. Die abgebildete Lok gelangte 1984 nach Frankfurt am Main, wo sie im dortigen Feldbahnmuseum heute im weitgehenden Originalzustand betriebsfähig erhalten ist.

Obwohl der Großteil der WEM bis 1978 stillgelegt wurde, blieb ein kurzer Abschnitt für die industrielle Nutzung erhalten. Nach 1990 wurde die Strecke durch einen engagierten Verein wieder ausgebaut, so dass in Bad Muskau heute wieder Züge fahren. Im Jahr 2018 beförderte die WEM knapp 48.000 Fahrgäste während der Fahrsaison.
Bernard Harrison/Bob Bridger Collection/Online Transport Archive

Unten: Nach dem Zweiten Weltkrieg benötigte die Reichsbahn der DDR (DR) zusätzliche Zugmaschinen für den Betrieb auf ihren Mittelgebirgsstrecken im Süden der DDR. So wurden zwischen 1958 und 1962 insgesamt 56 Lokomotiven der preußischen Baureihe G 12 (Baureihe 58.2–5, 10–21) im Rahmen des Rekonstruktionsprogramms in die neue Baureihe 58.30 (Bauart 1' E h3) umgebaut. Die aufwendigen Arbeiten übernahm das Raw Zwickau. Die rekonstruierten Maschinen erhielten u.a. ein neues Führerhaus, einen neu-konstruierten Kessel mit Verbrennungskammer (für den der Barrenrahmen vorgeschuht werden musste) und neue geschweißte Zylinder. Die abgebildete Lok 58 3036-0 war vornehmlich in Sachsen und Thüringen beheimatet und steht am 27. August 1970 in Gera zur Abfahrt bereit. Die letzten Loks dieses Typs wurden im Februar 1981 ausgemustert, zwei davon blieben erhalten.
Bernard Harrison/Bob Bridger Collection/Online Transport Archive

Rechts: Am selben Tag gelang diese Aufnahme der Einheitsdampflok 86 1560-1 – ursprünglich 86 560 – in Aue, wo sie auch beheimatet war. Gleich wird sie mit dem Personenzug nach Altenburg um 12.26 Uhr den Bahnhof verlassen. Insgesamt 775 Exemplare der Baureihe 86 (Bauart 1'D1' h2t) wurden zwischen 1928 und 1943 für die Deutsche Reichsbahn-Gesellschaft gebaut. Die DDR-Reichsbahn übernahm nach dem Zweiten Weltkrieg 175 Maschinen und setzte diese vor allem für den Güterverkehr bestimmten Loks (genau wie die Baureihe 58.30) überwiegend im Mittelgebirge ein. Obwohl in der DDR eigentlich vorgesehen war, diese Loks ab 1976 abzustellen, blieben mehrere Exemplare noch bis in das nächste Jahrzehnt im Einsatz. Mehrere Maschinen dieser Type haben in Deutschland und Österreich überlebt.
Bernard Harrison/Bob Bridger Collection/Online Transport Archive

Oben: Am 27. August 1970 ist in Kirchberg Lok 99 1606-5 der Deutschen Reichsbahn unterwegs. Die Lok mit der Achsfolge B'B' gehört zur Gattung IV K und fährt auf einer Spurweite von 750 mm. Zwischen 1892 und 1921 wurden insgesamt 96 Exemplare an die Königlich Sächsischen Staatseisenbahnen (KSächsStsEB) geliefert. Damit ist sie die am häufigsten für eine Staatsbahn gebaute Schmalspurdampflok-Baureihe für eine staatliche Bahn in Deutschland. Lok 99 1606-5 wurde 1916 von der Sächsischen Maschinenfabrik in Chemnitz gefertigt und war ursprünglich bei der KSächsStsEB als 196 in Dienst gestellt worden, bevor sie im Mai 1926 in 99 606 umgezeichnet wurde. Im Juli 1964 wurde die Lokomotive im Rahmen einer Generalreparatur im Görlitzer Werk der DR komplett umgebaut. Auch erhielt sie am 1. Juni 1970 die Nummer 99 1606-5. Bei der Ausmusterung wurde die Lok konserviert und ist heute eine von 22 überlebenden Exemplaren. Die Lokomotive gehörte in den 1990er Jahren zunächst zum Bestand des DB Museums in Nürnberg, bevor sie dem Förderverein Sächsische Schmalspurbahnen übergeben wurde, der sie 2005 an den Förderverein Historische Westsächsische Eisenbahnen in Carlsfeld auslieh.
Bernard Harrison/Bob Bridger Collection/Online Transport Archive

Oben: Am 29. August 1970 wartet die DR-Lok 95 0044-8 mit einem Personenzug nach Sonneberg im Bahnhof Saalfeld auf die Abfahrtszeit (10.40 Uhr). Von dieser Baureihe (Bauart 1'E1' h2) wurden zwischen 1922 und 1924 insgesamt 45 von den Borsig-Werken und der Hanomag (Hannoversche Maschinenbau AG) gebaut. Sie hatte bei der Preußischen Staatsbahn, unter deren Ägide die Entwicklungsarbeiten begonnen hatten, noch die Gattungsbezeichnung T 20 erhalten. Später wurde diese Type zur leistungsstärksten Tenderlok der inzwischen gegründeten Deutschen Reichsbahn-Gesellschaft (DRG). Am Ende des Zweiten Weltkriegs gingen 14 Exemplare an die Deutsche Bundesbahn, während 31 von der Deutschen Reichsbahn (DR) der DDR weiter betrieben wurden. Zwischen 1971 und 1973 wurden 24 der DR-Lokomotiven auf Ölfeuerung umgebaut und nun als Baureihe 95.0 bezeichnet, während die noch kohlebefeuerten Lokomotiven zur Baureihe 95.1 wurden. Die letzten Exemplare stellte die DR 1981 ab; die letzten Exemplare in der Bundesrepublik waren schon 1958 ausgemustert worden. Fünf Loks dieser Baureihe blieben erhalten, allerdings nicht die hier abgebildete Lok.
Bernard Harrison/Bob Bridger Collection/Online Transport Archive

Oben: Die zwischen 1930 und 1938 gebauten Einheitsdampflokomotiven der Baureihe 03 (Achsfolge 2'C1') wurden für den Schnellzugverkehr auf Strecken mit einer maximal zulässigen Achslast von 18 Tonnen ausgelegt. Die insgesamt 298 Exemplare fertigten vier Lokfabriken, von denen 86 bei der DR der DDR verbleiben. Die Aufnahme vom 4. Juli 1971 zeigt die von Borsig gebaute 03 203 (mit ihrer EDV-Nummer 03 2203-2) in Magdeburg vor einem Zug Richtung Halberstadt. Insgesamt neun Loks der Baureihe 03 sind heute noch vorhanden.
Les Folkard/Online Transport Archive

Rechts: Das zweite Foto einer Lok der Baureihe 03: Lok 03 2028-3 nähert sich am 8. Juli 1971 mit einem Zug für russische Soldaten der Stadt Erkner im Osten von Berlin. Die Aufnahme dürfte es eigentlich nicht geben, da Fotos von Militäreinrichtungen verboten waren. Die Lokomotive wurde 1931 als 03 028 von BLW an die DRG geliefert und überlebte bis zu ihrer Abstellung Anfang August 1978 in Frankfurt (Oder). Sie wurde noch im selben Jahr verschrottet.
Les Folkard/Online Transport Archive

Oben: Die schmalspurige Lößnitzgrundbahn (Spurweite 750 mm) verbindet Radebeul, nordwestlich von Dresden an der Hauptstrecke nach Meißen gelegen, über eine rund 16 Kilometer lange Strecke mit Radeburg. Die am 16. September 1884 von der KSächsStsEB eröffnete Bahnverbindung lebte vom starken Ausflugsverkehr der Städter sowie einem umfangreichen Güterverkehr, vor allem Kohle zum Kraftwerk Lößnitzgrund. Nach den beiden Weltkriegen erreichte die Strecke Mitte der 1950er Jahre ihren Höhepunkt im Personenverkehr, bevor sie nach einem langsamen und unaufhaltsamen Niedergang zur Stilllegung vorgesehen war. Das Wachstum des Tourismus führte jedoch dazu, dass die Strecke 1975 als »technisches Denkmal« erhalten wurde und bis heute in Betrieb ist. Am 11. Juli 1971 ist die Tenderlok 99 1786-5 (Achsfolge 1'E1') mit einem Zug von Radebeul nach Radeburg zu sehen, wie sie die Straßenbahnstrecke am Weißen Roß überquert. Die DR Baureihe 99.77-79 wurde in zwei Losen gebaut: Die Loks 99 771 bis 99 786 wurden zwischen 1952 und 1954 und die Loks 99 787 bis 99 784 in 1956 gefertigt. Die abgebildete Lok 99 1786-5 wurde 1954 als 99.786 ausgeliefert und im Juni 1970 umgezeichnet. Im Jahr 1992 wurde sie erneut umnummeriert, diesmal auf 099 750-2, kehrte aber im Jahr 2007 zu ihrer Nummer von 1970 zurück. Sie ist eine von mehreren noch existierenden Loks dieser Baureihe, die jedoch anders als fünf Schwesterloks heute nicht mehr bei der Lößnitzgrundbahn stationiert ist.
Les Folkard/Online Transport Archive

Oben: Debrecen ist die zweitgrößte Stadt Ungarns und liegt in der nördlichen Tiefebene. Am 5. September 1964, rangiert Lok 326.477 in Debrecen einige Personenwagen. Mit der Eröffnung der knapp 122 Kilometer langen Tiszavidéki Vasút (Kreisbahn Tisza) wurde die Stadt von Szolnok aus am 25. November 1857 erstmals an das Eisenbahnnetz angeschlossen. Am 24. Mai 1859 wurde die Strecke über Nyíregyháza um weitere 137 Kilometer bis Miskolc verlängert. Die gesamte Strecke wurde 1880 verstaatlicht. Der C-Kuppler 326.477 war eines der letzten einer 497 Exemplare umfassenden Baureihe, die zwischen 1882 und 1897 gebaut wurden.
Les Folkard/Online Transport Archive

Links: Lok 324.948 der MÁV wurde am 25. Juni 1969 in Balatonfüred aufgenommen. Die Baureihe 324 mit der Achsfolge 1'C1'wurde erstmals 1909 für den gemischten Verkehr eingeführt und bis 1921 weitergebaut, so dass schließlich 855 Loks dieser Type im Einsatz waren. 324.948 gehörte zu einer Serie von 100 Maschinen, die in den Jahren 1916 und 1917 geliefert wurden. Die Type wurde zunächst als Zweizylinder-Verbund-Lok konstruiert, war aber erfolgreicher mit einem Zwillingstriebwerk. Deshalb wurden 89 der Verbundlokomotiven zwischen 1941 und 1950 entsprechend umgebaut. Neben dem Einsatz innerhalb Ungarns waren die Lokomotiven ab 1924 auch in der Tschechoslowakei, Rumänien, Jugoslawien und Italien zu finden. Vier Loks dieses Typs sind in Ungarn erhalten geblieben.
Geoffrey Tribe/Online Transport Archive

Oben: Nach dem Ende des Zweiten Weltkriegs erwarb die MÁV insgesamt 510 Maschinen der Baureihe 422 mit der Achsfolge 1'D. Es handelte sich um Dampfloks des US Army Transportation Corps der Bauart S160, die zwischen 1943 und 1945 von einer Vielzahl von Herstellern in den USA gebaut worden war. Die Kosten dieser Groß-Anschaffung von immerhin rund 5.100.000 Dollar wurden aus einem 150-Millionen-Dollar-Darlehen der US-Regierung finanziert, das den Wiederaufbau nach dem Krieg unterstützen sollte. Die ersten der Lokomotiven trafen im Mai 1947 ein, und bis Januar 1948 waren mehr als 400 Stück für den Einsatz hergerichtet worden. Tatsächlich kamen nur 482 tatsächlich in Ungarn zum Einsatz, während die restlichen 28 in einem so schlechten Zustand waren, dass sie nur als Ersatzteilspender dienten. Vor dem Einsatz in Ungarn wurden die Lokomotiven modifiziert; dazu gehörten eine Vergrößerung des Führerhauses, die Erhöhung der Schornsteine und der Einbau einer Druckluftbremse. Die Abstellung dieser Type begann Mitte der 1960er Jahre, 1980 waren nur sechs Loks in Betrieb, bis auch diese 1983 abgestellt wurden. Drei Maschinen davon sind in Ungarn erhalten, zwei weitere in Großbritannien. Hier ist ein nicht identifizierbare Lok dieser Bauart zu sehen, wie sie am 2. Juli 1969 mit einem nordwärts fahrenden Güterzug Vágóhíd Utca passiert, das südlich des Zentrums von Budapest auf der Ostseite der Donau liegt.
Geoffrey Tribe/Online Transport Archive

Oben: Die Eisenbahn Győr-Sopron-Ebenfurti Vasút (GySEV) wurde am 2. Januar 1876 zunächst zwischen Győr und Sopron, dem Hauptsitz der Bahn, eröffnet und am 28. Oktober 1879 bis Ebenfurth verlängert. Als nach dem Ersten Weltkrieg Österreich und Ungarn getrennt wurden, teilte man die Bahnlinie, die nun durch die neue Grenze geteilt war, zwischen den beiden Staaten auf. Neben zahlreichen gebrauchten Lokomotiven waren auf der Strecke vier Loks der MÁV-Baureihe 375 (Achsfolge 1'C1') eingesetzt, die 1914, 1916 bzw. 1925 tatsächlich neu angeschafft worden waren. Eine vierte wurde noch 1953 von der MÁV erworben. Zu diesem Quartett zählte auch Lok 123, die am 27. September 1969 im Bahnhof Sopron abgelichtet wurde.
Les Folkard/Online Transport Archive

Rechts oben: Szombathely liegt im Westen Ungarns nahe der Grenze zu Österreich und ist ein bedeutender Eisenbahnknotenpunkt auf der Hauptstrecke von Győr nach Szentgotthárd. Die Aufnahme vom 27. September 1969 zeigt, wie in Szombathely am Bahnsteig Fahrgäste den Zug besteigen, der von Lok 275.137 gezogen wird. Sie gehört zu einer 175 Maschinen umfassenden Baureihe mit der Achsfolge 1'B1', die zunächst als Baureihe 22 bezeichnet und 1957 von der MÁV in Baureihe 275 umgezeichnet wurde. Diese zwischen 1928 und 1939 von der MÁVAG hergestellten Tenderlokomotiven konnten die seinerzeit üblichen leichten Nebenbahnzüge Vor- und Rückwärts mit gleicher Geschwindigkeit befördern. Sie ist als Heißdampf-Zwillingsmaschine mit zwei Kuppelradsätzen konzipiert und wies dank der Laufachsen der Bauart Adams-Webb auch bei 85 km/h noch einen ruhigen Lauf auf. Daher waren diese Loks bei den Lokmannschaften sehr beliebt und über 50 Jahre im Einsatz. Lok 22.034 steht heute für Nostalgiefahrten zur Verfügung und acht weitere Exemplare sind in Ungarn erhalten.
Les Folkard/Online Transport Archive

Rechts unten: Drei Tage später nahm Les Folkard am 30. September 1969 deutlich weiter südlich (und jenseits des Balatons) Lok 326.340 beim Rangieren in Kisberény auf. Die MÁV erwarb zwischen 1882 und 1887 insgesamt 497 Exemplare dieser Baureihe mit der Achsfolge C. Die Baureihe 326 war eine Weiterentwicklung der älteren Baureihe 335, die schon 1869 eingeführt worden war. Der einzig wesentliche Unterschied bestand in einer Erhöhung des Kesseldrucks auf 10,0 atm. Verschiedene Exemplare dieser Baureihe wurden auch für mehrere Nicht-MÁV-Strecken wie z.B. GySEV und für den Einsatz in Serbien hergestellt. Ursprünglich war diese Lok vor fast allen Zuggattungen zu finden und zog sogar Expresszüge. In späteren Jahren fand man sie eher m Rangierdienst und ähnlichen untergeordneten Diensten, doch wirkte sie dann mit ihren brünierten Radfelgen immer noch elegant. Die letzten Loks dieses Typs blieben bis Anfang der 1970er Jahre in Betrieb.
Les Folkard/Online Transport Archive

MÁV
HUNGARIA
275.137

Rechts: Basierend auf der erfolgreichen Vorkriegsbaureihe Pt31 (1'D1') wurde 1948 erstmals die Baureihe Pt47 bei der Polski Koleje Państwowe (PKP; Polnische Staatsbahnen) eingeführt. Bis 1951 fertigten Fablok aus Chrzanów und H. Cegielski-Pozna insgesamt 180 Exemplare. Diese Type war für den Betrieb von schweren und schnellen Zügen auf Langstrecken konzipiert. Sie war später mit einer Höchstgeschwindigkeit von knapp 100 km/h im ganzen Land auf den nicht elektrifizierten Strecken vor Expresszügen zu finden. Pt47-42 ist eine der 120 von Fablok gebauten Maschinen dieses Typs und wurde von Harry Luff 1975 in Lublin aufgenommen. Fast 20 Loks dieser Baureihe sind noch erhalten.
Harry Luff/Online Transport Archive

Oben: Die PKP-Baureihe Ok22 (Achsfolge 2'C) wurde erstmals im Jahr 1922 eingeführt, als die Hannoverschen Maschinenbau AG (Hanomag) fünf Lokomotiven nach Polen lieferte. Die heimische Produktion dieser Type begann 1928. Bis 1934 entstanden weitere 185 Lokomotiven bei Fablok. Die Gattung war die erste Eigenbeschaffung nach der Unabhängigkeit Polens nach dem Ersten Weltkrieg. Ihre Konstruktion baute auf der preußischen Lokbaureihe P8 auf, die in Polen als Ok1 bezeichnet wurde. Diese wurde mit einem großen, hochgesetzten Kessel, einer breiten Feuerbüchse und einem großen Führerstand kombiniert. Die polnischen Baureihenbezeichnungen für Schlepptender-Lokomotiven basierten auf einem Code: Der erste Buchstabe gab die Zugart an ('P' für Express, 'O' für langsamere Personenzüge und 'T' für Güterzüge), während der zweite Buchstabe die Radsatzfolge angab (in diesem Fall stand 'k' für die Achsfolge 2'C, hätte allerdings auch C2' bedeuten können). Die Abbildung zeigt Lok Ok22-72 im Jahr 1975 abfahrbereit in Choszczno. Zwei Loks dieser Bauart (Ok22-23 und Ok22-31) sind heute noch vorhanden.
Harry Luff/Online Transport Archive

Oben: Der PKP-Code für Tenderlokomotiven basierte auf dem gleichen Prinzip wie der für Schlepptender-Loks, wobei jedoch zwischen den beiden Buchstaben als drittes ein zentrales »K« hinzugefügt wurde. So war die Baureihe TKw2 – aus der das in Pila aufgenommene Foto von 1975 die TKw2-81 zeigt – hauptsächlich für den Güterverkehr bestimmt. Der E-Kuppler kann seine Verwandtschaft mit der Gattung T16.1 der Preußischen Staatsbahnen aus dem Jahr 1913 allerdings nicht verleugnen. Nach dem Ersten Weltkrieg gelangte ein Teil dieser Gattung im Rahmen von Reparationen nach Belgien und Polen. Während und nach dem Zweiten Weltkrieg fand die Preußin sogar eine noch größere Verbreitung, als Loks nach Österreich, in die Tschechoslowakei und nach Ungarn gelangten. Die Ausmusterung haben in Polen zwei Maschinen überlebt: TKw2-57 und TKw2-114.
Harry Luff/Online Transport Archive

Oben: Um schwere Schnell- und Reisezüge mit höherer Geschwindigkeit zu befördern, benötigten die Căile Ferate Române (CFR; Rumänische Staatsbahnen) Mitte der 1930er Jahre eine leistungsfähige Schnellzuglok. Deshalb erwarb man in Österreich die Lizenz zum Nachbau der mächtigen BBÖ-Reihe 214. Zwischen 1937 und 1940 entstanden insgesamt 79 Exemplare der neuen CFR-Reihe 142 bei den Lokfabriken in Resita (142.006–010, 023–038, 043–047, 050–051 u. 066–074) und Malaxa in Bukarest (142.001–005, 011–022, 039–042, 048–049, 052–065 u. 075–079). Sie unterschieden sich von den BBÖ-214 durch eine Ölzusatzfeuerung sowie die Rollenlager an den Tenderdrehgestellen. Ferner erhielten zehn Malaxa-Loks (142.041, 042, 049, 049 u. 052–057) eine Caprotti-Ventilsteuerung, alle anderen die bewährte Lentz-Ventilsteuerung.

Bis auf die 142.041 überstanden alle Maschinen den Zweiten Weltkrieg. 1960 wurde die 142.016 in Cluj ausgemustert, doch bis 1972 standen die restlichen Exemplare alle im Einsatz, aber spätestens in der zweiten Hälfte der 1970er Jahre waren alle 142er abgestellt.

Harry Luff fotografierte Anfang 1966 die Lok 142.015 bei Sighișoara mit einem Nahverkehrszug.
Harry Luff/Online Transport Archive

Oben: Eine der am weitesten verbreiteten CFR-Dampfloktypen war die Baureihe 230 (Achsfolge 2'C), die ihren Ursprung in der 1908 erstmals gebauten Gattung P8 der Preußischen Staatsbahn hatte. Zunächst wurden nach der Erweiterung Rumäniens durch den Versailler Vertrag 75 Maschinen von deutschen Herstellern erworben. Weitere 18 Loks wurden im Zuge von Reparationen an die CFR übertragen und nochmals 18 Maschinen wurden 1926 von der DRG gekauft. 1930 bauten deutsche Hersteller weitere 20 Exemplare, wonach zwischen 1932 und 1939 die neu gegründeten Lokomotivwerkstätten in Resita und Malaxa mehr als 230 zusätzliche Lokomotiven lieferten. Die im Inland gebauten Maschinen wurden vor allem im Personenverkehr in ganz Rumänien eingesetzt. Das Bild zeigt mit 230.204 eine solche Lok aus heimischer Produktion, wie sie Anfang 1966 in Bukarest leere Waggons rangiert. Eine beträchtliche Anzahl an Loks dieser Baureihe ist noch immer vorhanden, aber das Schicksal vieler dieser Fahrzeuge ist eher ungewiss.
Harry Luff/Online Transport Archive

Oben: Infolge des Versailler Vertrages verdoppelte sich das Staatsgebiet Rumäniens, was auch bedeutete, dass das Land die Eisenbahnen in Gebieten wie Siebenbürgen, Bessarabien und der Bukowina übernahm. Obwohl die CFR einige Lokomotiven und rollendes Material von den früheren Betreibern weiter verwenden konnte – wie etwa die MÁV-Baureihen 301 und 601 – war es notwendig, für diese Streckennetze neue Lokomotiven zu beschaffen. Im Jahre 1921 lieferte die tschechische Firma Škoda insgesamt 80 Lokomotiven der Baureihe 130.5 (Achsfolge 1'C) mit den Nummern 130-501 bis 130-580, deren Konstruktion auf der Vorkriegsbaureihe 2000 basierte. Mit 130.546 hat Harry Luff eine Lok dieses Typs Anfang 1966 außerhalb des Bukarester Lokschuppens aufnehmen können. Zu diesem Zeitpunkt ging die Anzahl der in Betrieb befindlichen Maschinen bereits durch Ausmusterungen zurück, aber mehrere dieser Loks blieben noch bis in die 1970er Jahre in Betrieb. Mit 130.503 und 130.525 sind zwei Loks dieser Baureihe als Ausstellungsstücke erhalten geblieben.
Harry Luff/Online Transport Archive

Oben: Zwischen 1913 und 1926 konstruierte und baute die Münchner Fabrik Maffei für die CFR die Baureihe 40 mit der Achsfolge 2'C1'; diese Lokomotiven (2201 bis 2240) waren die größten vor dem Ersten Weltkrieg an die CFR gelieferten Loks. Die Konstruktion der Vierzylinderlokomotiven verdankte viele Elemente der zeitgenössischen »Pacifics«, wie sie an die Königlichen Bayerischen Staats-Eisenbahnen (KBayStsB) geliefert wurden. Ungewöhnlich war die Frontgestaltung, bei der die vier Zylinder unter der Rauchkammer nebeneinander angeordnet waren. Um den Radstand kurz zu halten, wurde das Drehgestell zurückgesetzt und die Zylinder leicht geneigt, um genug Raum für die Räder zu schaffen. In späteren Jahren führten die durch die Innenbewegung angetriebenen Kurbeln zu Problemen, die deren Austausch erforderten. Trotzdem galt diese Baureihe als Erfolg und so blieben die meisten der Loks bis in die 1970er Jahre in Betrieb. Hier ist die Lok 2238 Anfang 1966 außerhalb von Bukarest zu sehen. Von dieser Baureihe ist kein Exemplar erhalten.
Harry Luff/Online Transport Archive

Oben: Zwischen 1903 und 1923 erhielt die Caminhos de Ferro do Estado (CFE) 19 Loks mit der Achsfolge 2'C, die sie unter den Nummern 81 bis 99 einreihte. Die Loks kamen aus Deutschland von den Berliner Borsig-Werken und der Maschinenfabrik Esslingen. Um zwei Loks dezimiert wurde diese Reihe von der Caminhos de Ferro Portugueses (CP) übernommen, die die Loks zu 221 bis 237 umzeichnete. Auf der etwa 1960 entstandenen Aufnahme ist eine der ältesten Loks dieses Typs – die 1903 bei Borsig gebaute Lok 222 – mit einem Güterzug beim Bahnhof Ermesinde zu sehen. Dieser liegt etwa neun Kilometer nordöstlich von Porto an der Hauptstrecke von Porto nach Braga. Ermesinde ist seit dem 29. Juli 1875 außerdem Ausgangspunkt der Zweigstrecke Linha do Douro.
Harry Luff/Online Transport Archive

Rechts oben: Der Bahnhof Braga wurde am 21. Mai 1875 mit der Fertigstellung der Strecke Porto – Nine eröffnet. Für die Companhia dos Caminhos de Ferro de Portugueses wurden zwischen 1916 und 1944 insgesamt 28 Tenderloks mit der Achsfolge 1'C2' gebaut und zwar von drei Herstellern: der Schweizerischen Lokomotiv- und Maschinenfabrik (SLM), von Henschel & Sohn in Kassel und von Gerais in Lissabon. Sie wurden unter den Nummern 070 bis 097 eingereiht. Lok 089 – hier in Braga – gehörte zu den von Henschel gelieferten Exemplaren aus dem Jahr 1929. Die Loks 070 und 094 werden heute noch erhalten.
Harry Luff/Online Transport Archive

Rechts unten: Lok 354 der CP steht am 4. Mai 1964 abfahrtbereit in Barreiro. Die Baureihe mit der Achsfolge 2'C umfasste 15 Stück, die mit den Nummern 351 bis 365 von der Kasseler Lokomotiv-fabrik Henschel & Sohn zwischen 1911 und 1913 für die Companhia dos Caminhos de Ferro de Portugueses gebaut worden waren. Am Südufer des Tejo, gegenüber dem Zentrum von Lissabon, wurde Barreiro als Endstation des Caminho de Ferro do Sul ausgewählt, die Anfang des 20. Jahrhunderts zur Linha do Sul (Südlinie) wurde. Die Bauarbeiten an der Strecke begannen 1854, und der erste Abschnitt wurde drei Jahre später eröffnet; 1861 war die 225 Kilometer lange Strecke von Barreiro nach Funcheira vollständig fertig gestellt. Heute ist nur das Bahnhofsgebäude noch erhalten, nachdem der Bahnhof im Zuge eines Neubaus weiter nach Osten verlegt wurde.
Les Folkard/Online Transport Archive Transport Archive

C.P. 089

C.P. 354

Links: Die im Jahr 1924 gebaute Lok 533 (Achsfolge 2'C1') mit Ölfeuerung steht am 4. Mai 1964 vor dem Bahnhof Barreiro. Sie gehörte zu einer von zehn mit Vierzylinderverbund-Loks, die unter den Nummern 551 bis 560 geführt wurden und von Henschel & Sohn für die Division Sul e Sueste (SS; Division Süd und Süd-Ost) der CP gebaut worden waren. Viele Jahre lang waren diese leicht an ihren großen Dampfdomen zu erkennenden Maschinen vor den wichtigen Expresszügen südlich vom Tejo zu finden. Nach der Ausmusterung blieb Lok 553 bis heute erhalten.
Les Folkard/Online Transport Archive

Oben: Zwischen 1861 und 1881 wurden insgesamt 35 Loks mit der Achsfolge C und unter den Nummern 101 bis 135 von diversen Herstellern geliefert; dazu gehörte auch die damals in Manchester ansässige britische Firma Sharp Stewart & Co und Kiston & Co aus Leeds. Bis 1950 und der endgültigen Umnummerierung der Lokomotivenflotte der CP wurde die Baureihe bereits um mehr als die Hälfte dezimiert. Das Bild zeigt Lok 135 am 7. Mai 1964 beim Rangieren in Setil, nördlich von Lissabon auf der Strecke nach Santarem. Diese jüngste Lok der Baureihe blieb nach ihrer Abstellung erhalten und befindet sich heute im Eisenbahnmuseum in Entroncamento.
Les Folkard/Online Transport Archive

Oben: Am 8. Mai 1964 erregten diese beiden Dampfloks in Sernada einige Aufmerksamkeit. Links steht Lok E.102 (Achsfolge 1'C), die als eine von drei Meterspur-Loks im Jahr 1907 von der Maschinenfabrik Esslingen für die Eröffnung der Verlängerungsstrecke bis Fafe an die Campanhia do Caminho do Ferro de Guimarães (CFG) geliefert worden war. Sie galten als eine der besten Lokkonstruktionen der kleinen Schmalspurbahnen und waren daher bis zur Beendigung des Dampfbetriebs im Raum Porto in 1976/77 im Einsatz. Nr. E.102 wurde schließlich bis Juli 1987 verschrottet; die Schwesterlokomotive Nr. E.101 ist erhalten. Rechts steht Lok E.95 mit der gleichen Achsfolge. Die E.95 war eine von sieben Dampflokomotiven, die 1910 von Orenstein & Koppel und Decauville an die Companhia de Caminho de Ferro do Vale do Vale do Vouga (VV) geliefert worden war. Alle Loks dieses Typs wurden zwischen 1974 und 1980 außer Betrieb genommen, obwohl eine Reihe überlebt haben. So wurde Lok E.95 zum Beispiel nach ihrer Abstellung an eine Gruppe in Valencia (Spanien) verkauft.
Les Folkard/Online Transport Archive

Oben: Die drei Verbund-Dampflokomotiven mit den Nummern 801 bis 803 gehörten zu den imposantesten Loks der CP. Sie wurden 1931 von Henschel & Sohn für den Betrieb der teils recht steilen Hauptstrecke nach Beira Alta konstruiert, die von der Companhia dos Caminhos de Ferro Portugueses da Beira Alta gebaut worden war. Sie verlief von der spanischen Grenze bei Vilar Formosa nach Pampilhosa an der portugiesischen Hauptstrecke Lissabon – Porto (die Linha do Norte – Nordlinie). Pampilhosa liegt unmittelbar nördlich von Coimbra. Am 8. Mai 1964 wartet Lok 802 mit einem Güterzug im Bahnhof Entroncamento. Die Schwesterlok 801 ist heute in Vilar Formosa ausgestellt. Der Name des Bahnhofs bedeutet einfach »Knotenpunkt« und die dazugehörige Siedlung entstand Mitte des 19. Jahrhunderts. Dort kreuzen sich zwei der wichtigsten portugiesischen Bahnstrecken – die nördliche Linha do Norte und die östlichen Linha do Lesete – und so entwickelte sich der Ort auch zu einer wichtigsten Eisenbahnstädte des Landes.
Les Folkard/Online Transport Archive

Links: 1945 nahm die CP 22 Loks der Achsfolge 1'D1' von der American Locomotive Co. in Empfang, die bei ihr 1948 die Nummern 851 bis 860, 1751 bis 1756 und 2851 bis 2856 erhielten, bevor man sie 1950 unter den Nummern 851-72 zusammenfasste. Die Lokomotiven waren vier Divisionen der CP zugeordnet; die ölgefeuerte Nr. 870 – hier am 9. Mai 1964 in Vila Nova de Gaia, südlich von Porto, mit einem Güterzug in Richtung Entroncamento – gehörte zu den sechs Maschinen (867 bis 872), die ursprünglich in Caminho de Ferro Minho a Douro stationiert waren. Mit 855 ist eine Lok dieser Baureihe erhalten geblieben.
Les Folkard/Online Transport Archive

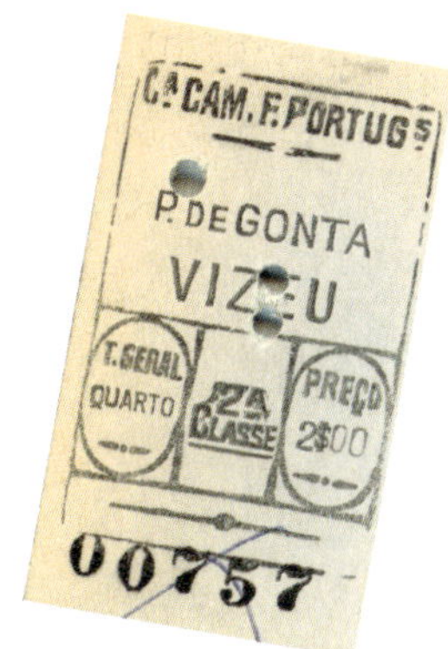

Links: 1911 lieferte die belgische Lokomotivfabrik John Cockerill an die Caminhos de Ferro do Estado Minho e Douro (MD; die Minho & Douro Landesbahn) zwei Tenderloks mit der Achsfolge 1'C1' mit den Nummern 81 und 82. Diese sollten auf den Vorortlinien von Porto eingesetzt werden. Nach der Übernahme der MD durch die CP im Jahre 1927 wurden die Lokomotiven zunächst in 02081 und 02082 umgezeichnet, bevor sie 1950 die Nummern 041 und 042 erhielten. Lok 42 wurde am 9. Mai 1964 von Les Folkard in der Nähe des Bahnhofs Porto Campanhã aufgenommen. Die Lok blieb nach ihrer Ausmusterung erhalten und befindet sich nun im Museum Entroncamento.
Les Folkard/Online Transport Archive

Oben: Am 12. Mai 1964 zeigt sich die CP-Tenderlok E.204 (Achsfolge 1'B'C) beim Rangieren von Güterwagen in Samardã. Diese Lokomotive war eine von einer Serie von elf Meterspur-Mallet-Tenderloks, die Henschel & Sohn 1911 für die Caminhos de Ferro do Estado Minho e Douro (MD; Mindho & Douro Staatseisenbahn) produzierten; weitere fünf kleinere Lokomotiven lieferte die Firma 1923. Samardã war eine der Zwischenstationen auf der Corgo-Strecke von Peso de Regua nach Chaves; am 12. Mai 1907 wurde der Streckenabschnitt eröffnet, an dem diese Station liegt. Alle 16 Lokomotiven wurden Ende der 80er Jahre außer Dienst gestellt; Lok E.204 musste schon 1984 abgestellt werden, war aber noch ein Jahrzehnt später, wenn auch im schlechten Zustand, vorhanden. Die Loks E.203, E.207, E.214 und E.216 sind in Portugal erhalten und Lok E.206 in der Schweiz.
Les Folkard/Online Transport Archive

Links: Am 21. Mai 1967 verlässt Lok 295 (Achsfolge 2'C) den Bahnhof Regua an der Hauptstrecke von Porto nach Tua mit einem westwärts nach Porto fahrenden Zug, während gleichzeitig eine Schmalspurlok auf der Drehscheibe gewendet wird. Lok 295 gehörte zu einer von sechs Lokomotiven (Nr. 291 bis 296), die Henschel & Sohn 1913 lieferte. Lok 294 ist heute noch erhalten, allerdings wartete sie bei Manuskriptschluss dieses Buches in Vila Nova de Gaia noch auf ihre Aufarbeitung.

Die meterspurige Linha do Corgo (Corgo-Linie) verlief nördlich von Regua über Vila Real nach Chaves und hatte eine Länge von knapp 100 Kilometern. Die Bahnstrecke wurde seit ihrer Eröffnung von der CFE betrieben und nach deren Privatisierung im Jahr 1928 von der Companhia Nacional (CN; Nationalgesellschaft) übernommen bis sie 1947 dann an die CP ging. Der Dampfbetrieb auf der Corgo-Linie wurde bis in die 1970er Jahre fortgesetzt, wobei es im Rangierbetrieb sogar noch bis in das nächste Jahrzehnt weiterdampfte. Der Rückgang der Nachfrage in Folge des Straßenausbaus führte jedoch 1990 zur Einstellung des Personenverkehrs zwischen Vila Real und Chaves. Am 25. März 2009 wurden des schlechten Zustands der Strecke auch die verbleibenden Verbindungen von Regua nach Vila Real eingestellt. Obwohl die Sanierung versprochen war, verhinderte Geldmangel bisher den Beginn der Arbeiten.
Charles Firminger/Bob Bridger Collection/Online Transport Archive

Rechts: Diese Tenderlok-Baureihe mit der Achsfolge 1'C2' (Nr. 070 bis 097) wurde erstmals 1916 eingeführt. 15 Loks lieferte die Schweizerische Lokomotiv- und Maschinenfabrik (SLM); weitere zwölf wurden 1929 von Henschel und Sohn gebaut. Das letzte Exemplar wurde jedoch erst 1944 in Portugal produziert, wahrscheinlich unter Verwendung von Ersatzteilen. Hier passiert mit Lok 078 eine der originalen, in der Schweiz gebauten Maschine am 23. Mai1967 das Städtchen Ermesinde. Drei Loks dieses Typs (070, 072 und 094) haben in Estremoz, Porto bzw. Entroncamento überlebt.
Charles Firminger/Bob Bridger Collection/Online Transport Arhive

Oben: Im Jahr 1960 wurde am Bahnhof Valencia Termino eine Lok der RENFE-Baureihe 462F aufgenommen. Die abgebildete Lok 462F-0402 war eine der von Euskalduna de Construcción y Reparación de Buques de Bilbao 1930/31 an die Zentralbahn von Aragon gelieferten Serie. Die Vier-Zylinder-Heißdampfloks der Bauart Garrat mit der Achsfolge (2'C1')(1'C2') waren für den Bergabschnitt der Strecke Valencia – Calatayud gedacht. Nach der Gründung der RENFE (Red Nacional de los Ferrocarriles Españoles – Nationales Netz der spanischen Eisenbahnen) am 24. Januar 1941 wurden die Lokomotiven der Reihe 462F für den Einsatz vor den schweren Schnellzügen von Frankreich an der Ostküste über Barcelona nach Valencia zugeteilt und ersetzten in Tarragona die Elektroloks. Sie waren außerdem die schwersten Dampfloks, die die neue Bahngesellschaft übernommen hatte. Später wurde diese Type von Kohle- auf Ölhauptfeuerung umgestellt. Die Baureihe wurde Ende der 1960er Jahre abgestellt und Lok 462F-0401 blieb als einzige erhalten.
eoffrey Tribe/Online Transport Archive

Links: Die 42 Kilometer lange Strecke der Ferrocarril de San Feliu (SFG) führte von Sant Feliu de Guíxols nach Girona in Katalonien. Die 1892 als erste Schmalspurbahn Spaniens mit einer Spurweite von 750 mm eröffnete Bahnlinie wurde in erster Linie für den Gütertransport von Girona an die Küste geplant, entwickelte sich aber mit wachsendem Tourismus zu einem immer beliebteren Verkehrsmittel, um Menschen an die Küste und wieder zurück zu transportieren. Dennoch war die Fahrgastnachfrage auf der Strecke Anfang der 1960er Jahre rückläufig und so wurde 1969 der Betrieb endgültig eingestellt. Die Aufnahme vom 19. Juni 1962 zeigt Lok 4 in Llagostera, einer der Zwischenstationen. Lok 4 war eine von vier Loks mit der Achsfolge C'1, die von der Lokomotivfabrik Kraus & Cie. zur Eröffnung der Bahn geliefert worden waren. Lok 4 gehört zu den Maschinen dieser Strecke, die vor Ort noch erhalten werden. Die Strecke selbst wurde allerdings in einen Rad- und Wanderweg umgewandelt.
Neil Davenport/Online Transport Archive

Links: Insgesamt waren 200 Dampfloks mit der Achsfolge 2'D1' bei der RENFE im Einsatz; Lok 241-2235 gehörte zu einer 57 Maschinen umfassenden Baureihe, die 1944 eingeführt und von La Maquinista Terrestre y Maritima aus Barcelona zwischen 1944 und 1952 gebaut wurde. Diese Type wurde entwickelt, um den schon vorhandenen Lokbestand mit gleicher Achsfolge auf der Hauptlinie zu ergänzen, die RENFE von der Compañía de los Ferrocarriles de Madrid a Zaragoza y Alicante (MZA) und deren Strecke Madrid – Zaragoza – Alicante übernommen hatte. Die 1951 in Betrieb genommene Lok 241-2235 wartet hier im Mai 1963 im Bahnhof Madrid (Atocha) auf die Abfahrt. Diese Lokomotiven waren ursprünglich für die Kohlefeuerung ausgerüstet, wurden aber später auf Ölhauptfeuerung umgebaut.
Les Folkard/Online Transport Archive

Oben: Bis zur Einführung von Vierkupplern setzte die Ferrocarril de la Compañía del Norte eine Reihe von Loks mit der Achsfolge 2'C ein. 1904 lieferte die Hannoversche Maschinenbau AG (Hanomag) eine Serie von 30 C-Kupplern an die Bahngesellschaft. Diese reihte die die neugegründete RENFE 1941 dann als 230-2001 bis 230-2030 ein. Auf dem Foto ist Lok 230-2030 im Mai 1963 in Castellon abgebildet. Die Lokomotiven wurden in ihren späteren Jahren vor allem auf den nicht elektrifizierten Strecken der Bahngesellschaft eingesetzt. Sie waren dort unter anderem vor Nahverkehrszügen in der Region Valencia und auf den Strecken von Tarragona nach Lérida, von Medina del Campo nach Salamanca und von Alsasua nach Pamplona zu sehen.
Les Folkard/Online Transport Archive

Rechts: Mehrere hundert Dreikuppler wurden für den Einsatz bei spanischen Bahnen gebaut, von denen viele mehr als ein Jahrhundert in Betrieb blieben. In den Jahren 1863 und 1864 erhielt die Compañía de los Ferrocarriles de Madrid a Zaragoza y Alicante (MZA) 36 Loks von den französischen Herstellern Société Usine de Graffenstaden und Schneider et Cie. Diese Type besaß einen kürzeren Radstand und kleinere Tender als die zuvor an die Bahngesellschaft gelieferten Maschinen dieser Bauart und war für den Einsatz auf Strecken mit leichtem Unterbau konzipiert. Allerdings wurden viele dieser Loks auch im Verschubdienst an den Kaianlagen von Málaga und Sevilla eingesetzt. Hier ist Lok 030-2333 in Sevilla im Oktober 1965 zu sehen.
Les Folkard/Online Transport Archive

Oben: Die Abbildung zeigt die auf ihre Abfahrtszeit wartende Lok 130-2112 im Bahnhof Madrid Delicias im Mai 1964. Diese gehörte zu einer Serie zehn Lokomotiven, die für die Strecke gebaut wurden, die Madrid über Cáceres mit der portugiesischen Grenze verband und nach Oeste führte. Alle diese Loks wurden von der Sächsischen Maschinenfabrik (vormals Richard Hartmann) in Chemnitz gebaut. Die ersten sieben Loks entstanden im Jahr 1909 und die letzten drei im Jahr 1912. Im Gegensatz zu anderen RENFE-Loks mit dieser Achsfolge (1'C) wurde die Type nicht regelmäßig im Personenzugdienst eingesetzt, da die Loks dem Bahnbetriebswerk in Delicias zugeteilt waren und von dort hauptsächlich vor Güterzügen zwischen Toledo und Villaluenga eingesetzt wurden. Der von Émile Cachelièvre entworfene Bahnhof Delicias wurde im März 1880 für die Compañía de los Caminos de Hierro de Ciudad Real a Badajoz errichtet und ging bereits 1883 in das Eigentum Compañía de los Ferrocarriles de Madrid a Cáceres y Portugal über. Der 1969 stillgelegte Bahnhof beherbergt heute das Eisenbahnmuseum von Madrid.
Les Folkard/Online Transport Archive

Links: 1941 übernahm RENFE von der 1928 gegründeten Compañía Nacional de los Ferrocarriles del Oeste (Oeste) auch eine Serie von sechs C-Kupplern. Diese Loks waren zwischen 1910 und 1922 bei Henschel & Sohn in Kassel gebaut worden und kamen zunächst auf der Strecke der Oeste von Medina del Campo nach Salamanca zum Einsatz. Die Loks wurden in den 1950er Jahren von der Region Oeste abgezogen und beförderten danach Personenzüge auf der Strecke von Alicante nach Murcia, wo Lok 130-2082 auch fotografisch festgehalten wurde. Zum Zeitpunkt der Aufnahme wurden einige der Züge schon mit Dieseltriebwagen gefahren, aber es gab noch vier tägliche Dampfzüge.
Les Folkard/Online Transport Archive

Rechts: Als die RENFE 1941 gegründet wurde, übernahm sie eine bedeutende Anzahl von Loks mit der Achsanordnung 2‘D der Bahngesellschaft Norte. Diese Vierkuppler waren zwischen 1909 und 1943 von verschiedenen Herstellern gebaut worden. Insgesamt wurden 436 Loks gefertigt, wobei einige an die Oeste sowie an die Ferrocarril de Alcañiz a la Puebla de Hijar und die Ferrocarril de Murcia a Mula y Caravaca geliefert wurden. Zu den Lieferanten gehörte auch die Lokfabrik Babcock & Wilcox in Bilbao, die auch die letzte Serie dieser Type baute. Diese erhielten bei der RENFE die Nummern 140-2402 bis 140-2402.71. Eine Lok dieser Serie war 140-2438, die später einen Franco-Crosti-Kessel erhielt. Sie ist hier im Mai 1960 in Valladolid zu sehen. Der Umbau bewährte sich allerdings nicht und so wurden keine weiteren spanischen Lokomotiven entsprechend umgebaut.
Les Folkard/Online Transport Archive

Rechts: Obwohl die Norte als einzige Bahngesellschaft in Spanien vor der Gründung der RENFE Loks in der Achsfolge 1'D1' beschafften, erkannte die neue RENFE das Leistungsvermögen der Mikados. Deshalb erwarb sie zwischen 1953 und 1960 insgesamt 242 Vierkuppler von einer Vielzahl von Herstellern in Spanien und im Ausland. Lok 141-2112 ist hier am 22. April 1967 mit einem Güterzug in San Felices zu sehen; sie war eine der ersten 25 gebauten Loks dieser Art und stammte aus den Werkhallen der Glasgower North British Locomotive Co. Diese Type bewährte sich bei einer Vielzahl von Betriebsaufgaben im Personen- und Güterverkehr sehr gut und war daher im RENFE-Netz weit verbreitet. Gelegentlich sah man diese Loks auch vor dem »Lusitania Express« – dem Nachtzug, der Madrid mit Lissabon verband und zu den wenigen Expresszügen in Spanien zählte. Die Schwesterlok 141-2111 wird im Eisenbahnmuseum in Madrid für die Nachwelt erhalten.
Les Folkard/Online Transport Archive

Links: Zwischen 1864 und 1865 erwarb die Ferrocarril Ciudad Real-Badajoz acht D-Kuppler, die sie 1872 an die Ferrocarril de Córdoba a Belmez weiterverkaufte, von der sie sieben Jahre später an die Ferrocarriles Andaluces abgegeben wurden. 1891 wurden nochmals acht weitere Lokomotiven gleicher Bauart von der belgischen Société de Saint-Léonard geliefert. Eine Lok aus dieser späteren Serie war 040-2216, die hier am 22. Mai 1966 in Jaen zu sehen ist. Vier dieser Loks waren vor der Gründung von der RENFE im Jahr 1941 noch in die Bauform 1'D umgebaut worden, während der Rest in den späten 1960er Jahren in den Regionen Puente Genil, Espelúy und Jaen eingesetzt wurde.
Les Folkard/Online Transport Archive

Oben: Ebenfalls am 22. Mai 1966 aufgenommen wurde Lok 140-2039 bei der Einfahrt in den Bahnhof von Linares. Diese 1'D-Lok gehörte zu einer Serie von 20 Exemplaren, die 1927 an die Ferrocarriles Andaluces geliefert wurden; die ersten 12 (140-2029 bis 140-2040) wurden von Babcock & Wilcox in North Carolina gebaut. Dagegen kamen die letzten acht Maschinen (140-2041 bis 140-2048) von der Euskalduna-Werft in Bilbao. Diese Baureihe wurde zuletzt – wie viele andere Vierkuppler der ehemaligen Ferrocarriles Andaluces auch – auf den Linien Almeria – Guadix – Granada eingesetzt. Es gab vier ähnliche Lokomotiven, die 1928 von Babcock & Wilcock an die Oeste geliefert wurden; diese wurden bei der RENFE als 140-2049 bis 140-52 eingereiht und schließlich in die gleiche Region verlegt.
Les Folkard/Online Transport Archive

Rechts oben: Zwischen 1920 und 1922 erhielt die Ferrocarriles Andaluces 50 Loks mit der Achsfolge 2'D, die ältere 1'C-Loks im Personenverkehr ersetzten. Die Lokomotiven wurden von vier Herstellern – Franco-Belge, Borsig, Schwartzkopff und Hanomag – geliefert, wobei die ersten 15 mit dreiachsigen Tendern und die späteren Serien mit größeren vierachsigen Tendern ausgestattet wurden. Am 24. Mai 1966 ist in La Pena eine der 1922 von Hanomag gebauten Maschinen mit einem Zug von Granada nach Bobadilla zu sehen: 240-2047.
Les Folkard/Online Transport Archive

Rechts unten: Die Aufnahme vom 26. April 1967 zeigt Lok 120-2131 in Alcañiz. Diese Lok mit der Achsfolge 1'B war zu dem Zeitpunkt bereits die letzte Überlebende einer Serie von 13 Lokomotiven, die 1884 von der Maschinenfabrik Esslingen für die Eisenbahn zwischen Salamanca und der portugiesischen Grenze geliefert worden war. Die Lokomotiven wurden 1928 an die Oeste abgegeben, aber nur zwei Exemplare waren zum Zeitpunkt der Übernahme durch die RENFE 1941 noch im Einsatz; Lok 120-2132 wurde 1955 abgestellt, so dass nur noch Lok 120-2131 im Einsatz blieb, bis sie 1971 an ein Eisenbahnmuseum übergeben wurde.
Les Folkard/Online Transport Archive

RENFE 120-213

Oben: Als einzige spanische Eisenbahngesellschaft erwarb die MZA Loks mit der Achsfolge 2'C2'. Diese 22 Loks setzte sie im Nahverkehr vor allem im Raum Madrid ein. Sie waren alle 1903 bzw. 1911 bei der Lokschmiede Maffei in München gebaut worden; nachdem man mit den ersten zwölf Exemplaren zufrieden war, bestellte man acht Jahre später noch einmal zehn Maschinen nach. In späteren Jahren verließen einige dieser Maschinen den Raum Madrid, sie beförderten vor allem Züge in den Regionen Murcia, Sevilla und Vigo. Am 27. April 1967 wurde 232.025 kurz vor der Abfahrt von der heute nicht mehr existierenden Station in Barbastro mit einem gemischten Personen- und Güterzug fotografisch für die Nachwelt festgehalten.
Les Folkard/Online Transport Archive

Rechts: Während in vielen Ländern – wie in Großbritannien, Deutschland und Frankreich – Lokomotiven der Pacific-Bauart die Magistralen dominierten, waren diese auf spanischen Gleisen relativ selten. Eine der spanischen Eisenbahngesellschaften, die eine nennenswerte Zahl an Maschinen dieser Bauform einsetzte, war die MZA, die 1920 eine Serie von 15 Stück vom US-Hersteller Alco erworben hatte. Eine dieser Loks wurde bereits während des Bürgerkriegs zerstört, so dass 1941 nur 14 Maschinen an die RENFE übergingen. Die Baureihe war vor allem für den Einsatz vor leichten Expresszügen im Personenverkehr konstruiert und wurde schließlich in Ayamonte, Huelva und Sevilla stationiert, von wo sie auf Strecken wie der von Sevilla nach Carmona (Alta) und nach Utrera eingesetzt wurde. Die Aufnahme aus Utrera zeigt Lok 231.2022 im Oktober 1967 beim Wasserfassen.
Les Folkard Online Transport Archive

Rechts: Spanien verfügte über eine beträchtliche Anzahl privater Schmalspurbahnen; viele dieser Bahnen wurden jedoch in den 1950er und 1960er Jahren aufgrund der wachsenden Konkurrenz durch den Straßenverkehr stillgelegt. Eine davon war die Compañia de los Ferrocarriles Económicos de Villena a Alcoy y Yecla (VAY; Eisenbahngesellschaft von Villena nach Alcoy und Yecla) im Westen von Alicante. Obwohl der Bau der Strecke bereits in den 1880er Jahren begonnen hatte, wurden die letzten Abschnitte der Strecke erst in den 1910er Jahren endgültig eröffnet. Zwischen 1966 und 1969 wurde der Lokomotivbestand der Bahn durch die Anmietung von zwei Tenderloks der Achsfolge 1'C aus der Produktion von La Maquinista Terrestre y Marítima ergänzt. Diese Loks mit den Nummern 5 und 6 waren 1913 gebaut worden. Lok 5 wurde von Charles Firminger am 18. April 1968 in Lorcha abgelichtet. Zu diesem Zeitpunkt war das Ende dieser Bahnlinie schon beschlossene Sache – 1969 wurde die Strecke stillgelegt.
Charles Firminger/Bob Bridger Collection/Online Transport Archive

Oben: Der erste Abschnitt der Meterspurbahn Piräus, Athen & Peloponnes (oder SPAP) wurde 1884 zwischen Piräus, Athen und Elefsis eröffnet und 1885 bis Korinth und zwei Jahre später bis Patras verlängert. Es folgten eine Reihe von Zweiglinien und weitere Ausbauten, bevor die Bahn 1954 verstaatlicht wurde; 1962 wurde sie formell Teil der Griechische Eisenbahnorganisation (OSE). Der gesamte Meterspurbetrieb in Griechenland wurde 2011 aufgrund der Finanzkrise eingestellt; eine Wiederaufnahme ist unwahrscheinlich. Im Jahr 1912 lieferte Henschel & Sohn fünf Tenderloks mit der Achsfolge 1'B, die das Unternehmen als B.151 bis B.155 einreihte. Lok B.152 ist hier bei der Arbeit am Hafen von Patria Anfang 1959 abgebildet. Bis heute erhalten blieb die Schwesterlokomotive B.151.
Online Transport Archive

Rechts: In glücklicheren Zeiten wurde Lok E.725 – eine von fünf bei Linke-Hofmann-Busch gebauten Loks mit der Achsfolge 1'D – am 17. Juni 1961 an der Spitze einer Doppeltraktion abgelichtet, die einen Güterzug befördert.
Neil Davenport/Online Transport Archive

Links: Am selben Tag ist Lok E.541 (Achsfolge 1'C) bei der Ausfahrt aus Nafplion zu sehen, dem Endpunkt einer 1886 eröffneten Zweigstrecke von Korinth auf der SPAP. Die Münchner Lokomotivfabrik Krauss & Co. hatte der SPAP in drei Chargen insgesamt 16 Lokomotiven dieses Typs geliefert, wobei die Loks E.540 bis 542 im Jahr 1926 ausgeliefert wurden. Die Loks E.540 und E.541 sind bis heute erhalten und in Kalamata zu besichtigen.
Neil Davenport/Online Transport Archive

Links: Im Jahr 1936 lieferte die Kasseler Lokfabrik Henschel & Sohn drei Loks der Achsfolge 1'D mit den Nummern E.726 bis E.728 an die SPAP. Dieses Trio, von denen diese Aufnahme Nr. E.727 am 22. Juni 1963 in Athen zeigt, wurde später auf Ölfeuerung umgebaut. Die Schwesterlok E.728 ist noch vorhanden, wenn auch in einem desolaten Zustand.
Neil Davenport/Online Transport Archive

Oben: Lok 685.191 am 7. September 1959 in Rom: Die Vierzylinder-Baureihe 685 (mit der Achsfolge 1'C1') war die Standard-Express-Dampflokomotive der Ferrovia dello Stato (FS; Italienische Staatsbahnen). Sie entstand ab 1912 auf Basis der Reihe 680 mit Vierzylinder-Nassdampfverbundtriebwerk mit ähnlichen konstruktiven Merkmalen, allerdings als Vierzylinder-Heißdampfausführung. Bis 1927 lieferten Breda und Officine Meccaniche Napoli die Maschinen in Regelausführung. Ein Teil der Loks wurde später auf Caprotti-Ventilsteuerung umgebaut. Die 1927 von Reggiane gebauten Maschinen besaßen bereits ab Werk eine Caprotti-Steuerung.

Danach wurde die Baureihe noch einmal um weitere 120 Lokomotiven erweitert, als eine entsprechende Anzahl von Loks der Verbundbaureihe 680 umgebaut wurde. Mit ihrer relativ geringen Achslast war dieser Loktyp im FS-Netz weit verbreitet, bis die Elektrifizierung zu ersten Abstellungen führte. Als erste wurden Mitte der 1960er Jahre einige der Umbauloks ausgemustert; Ende 1975 war dann auch die letzte Lok dieser Bauart aus dem Betriebsdienst ausgeschieden. Vier überlebten in Konservierung, eine Fünfte bleibt als Ersatzteilspender erhalten. *Neil Davenport/Online Transport Archive*

Oben: Zwischen 1911 und 1923 stellte die FS insgesamt 470 Loks der Baureihe 740 (Achsfolge 1'D) in Dienst. Im Jahr 1942 wurden fünf Loks dieser Type mit Franco-Crosti-Kesseln ausgerüstet und mit einer Stromlinienverkleidung versehen. Bereits 1951 entfernte man die Stromlinienverkleidung wieder und reihte die fünf Maschinen als Baureihe 743 ein. Außerdem wurden bis 1953 weitere 88 Loks der Baureihe 740 mit Franco-Crosti-Kesseln ausgestattet. Zusätzlich wurde 1954 eine modifizierte Version der Franco-Crosti-Umbauten eingeführt: die Baureihe 741. Deren Hauptunterschied zur Baureihe 743 bestand darin, dass die neuere Version einen einzigen Vorwärmer unter dem Kessel hatte statt zwei nebeneinander. Bis 1960 wurden insgesamt 81 Lokomotiven umgebaut. Diese Baureihe wurde vor allem in Sizilien und in Venetien eingesetzt, wobei die ersten Ausmusterungen 1968 erfolgten; die letzten Maschinen wurden erst Anfang der 1980er Jahre abgestellt. Das Foto vom 29. Mai 1972 zeigt 741.449 bei Vandoles mit einem Güterzug von Fortezza nach Innichen. Von dieser Baureihe sind heute noch zwei Exemplare erhalten.
Les Folkard/Online Transport Archive

Rechts: Zwischen 1922 und 1924 erhielt die FS 50 Maschinen der Baureihe 940 (Achsfolge 1'D1'), die vor allem auf den Eisenbahnlinien in den Appennien eingesetzt wurden, insbesondere auf der wichtigen Ost-West-Linie von Rom über Sulmona nach Pescara. Nach dem Zweiten Weltkrieg landeten vier Exemplare dieser Baureihe in Jugoslawien, wo sie die Jugoslavenske Željeznice (JŽ; Jugoslawische Staatsbahn) unter den Nummern 118.001 bis 118.04 einreihte. Drei baugleiche Lokomotiven, die 1924 für die Ferrovie Elettriche Biellesi (FEB; elektrische Biellesi Bahn) hergestellt worden waren, gingen ebenfalls noch an die FS über und erhielten bei dieser die Nummern 940.051 bis 940.053. Ab 1968 wurde diese Baureihe umgebaut und erhielt dabei einen größeren Schornstein. Das Bild von Les Folkard zeigt Lok 940.038 am 30. Mai 1972 bei der Ausfahrt aus Levice mit einem Zug nach Trient. Die Baureihe 940 erwies sich als erfolgreich und überlebte daher bis zum Ende des Dampfbetriebes bei der FS und war dort sowohl im Personen- als auch im Güterverkehr im Einsatz. Mehrere Exemplare dieses Typs sind noch erhalten – allerdings nicht Lok 940.038.
Les Folkard/Online Transport Archive

Oben: Die 1913 eingeführte Baureihe 625 (Achsfolge 1'C) war eine Weiterentwicklung der früheren Baureihe 600. Bis 1923 wurden insgesamt 188 Stück von zwei italienischen und einem deutschen Lieferanten gebaut. Dieser Bestand wurde zwischen 1929 und 1933 durch den Umbau von 153 Loks der älteren Baureihe 600 ergänzt, die dann als Baureihe 625.3 bezeichnet wurden. Die Baureihe 625 war sowohl für den Personen- als auch für den Güterverkehr konzipiert. In den 1950er Jahren wurden 25 Maschinen der ursprünglichen Bauart und zehn Exemplare der umgebauten Baureihe 625.3 mit Franco-Crosti-Kesseln ausgestattet, doch bewährte sich dieser Umbau nicht. Die letzten Loks der Baureihe 625 wurden 1976 aus dem regulären Betrieb genommen, doch einige Loks wurden bis 1998 als Teil der strategischen Dampflokreserve der FS unterhalten. Die Abbildung zeigt 625.157, die sich am 1. Juni 1972 mit einem Sonderzug Domodossola nähert. Mehr als 20 Exemplare dieser Type sind noch erhalten geblieben, aber nicht Lok 625.157.
Les Folkard/Online Transport Archive

Oben: Am 1. Juni 1972 nahm Les Folkard diese Lok der Baureihe 640 (Achsfolge 1'C) mit einem kurzen Personenzug in Chivasso auf. Nach der Gründung der FS im Jahre 1905 ließ Giuseppe Zara, der Chefingenieur für Maschinenbau, einige Loks in Standardausführungen für die Bahngesellschaft anfertigen. Dazu gehörte die Baureihe 630 (Achsfolge 1'C). 1907 wurde beschlossen, eine Version mit Überhitzer von dieser Type zu bauen, das Ergebnis war die Baureihe 640. Die ersten 48 Maschinen fertigte die Berliner Maschinenbau AG, die restlichen wurden in Italien von der Società Italiana Ernesto Breda (103 Lokomotiven), den Costruzioni Meccaniche di Saronno (18 Loks) bzw. Gio. Ansaldo & Co (vier Loks) gebaut. Die Produktion endete 1911 bei einer Stückzahl von 173; dazu gehörten auch vier Loks für die Società Strade Ferrate di Biella (SFB; Biella Bahn), die erst am 10. Juli 1951 mit dem Ende der SFB-Konzession in den Besitz der FS übergingen. Weitere 15 Lokomotiven der Baureihe 630 wurden zwischen 1929 und 1931 mit Überhitzern ausgerüstet und als Baureihe 640.3 bezeichnet. Die Baureihe 640 war in erster Linie für den Schnellzugdienst bestimmt, wurde aber durch die leistungsstärkeren Baureihen 640 (Achsfolge 1'C) und 685 (Achsfolge 1'C1') ersetzt und deshalb in den Nebenbahndienst abgegeben. Dadurch überlebten viele Maschinen noch bis in die späten 1970er Jahre und fast 20 Loks – darunter auch 640.088 – werden bis heute erhalten.
Les Folkard/Online Transport Archive

Oben: Die Baureihe 835 (Achsfolge C) war mit ihren 370 Exemplaren, die zwischen 1906 und 1922 gebaut wurden, die Standard-Rangierlok von FS. Basierend auf den früheren Baureihen 825 und 830 verwendete die 835 den größeren Kessel der Reihe 830 mit vergrößerten Zylindern. Nach dem Zweiten Weltkrieg kamen drei Loks dieser Type nach Jugoslawien, wo sie die JŽ einsetzte. In den 1950er Jahren wurden die Rahmen, Räder und Kuppelstangen von 89 Maschinen dieser Baureihe für den Neubau von zwei Typen elektrischer (!) Rangierlokomotiven – die Baureihen E.321 (40 Loks) und E.322 (20 Loks) – sowie der dieselhydraulischen (!) Rangierlokomotive der Baureihe D.234 verwendet. Bis in die letzten Jahre des FS-Dampfbetriebs waren noch rund 30 Dampfloks der Baureihe 835 in Betrieb; die letzten Exemplare wurden 1984 ausgemustert. Am 2. Juni 1972 wartet 835.231 in Turin Smistamento auf ihren nächsten Einsatz. Eine große Anzahl von Lokomotiven dieser Bauart überlebte auf Denkmalsockeln in der Nähe von Bahnhöfen, deshalb sind heute noch mehr als 50 Exemplare dieser Type erhalten.
Les Folkard/Online Transport Archive

Rechts: Zwischen 1912 und 1916 erwarb die FS 117 Loks der Baureihe 875 (Achsfolge 1'C) für den Einsatz auf Nebenbahnen. Gleichzeitig wurde als zweite Type mit dieser Achsfolge die Baureihe 880 gebaut, die sich von der Klasse 875 durch den Überhitzer unterschied. Insgesamt 60 Loks der Baureihe 880 wurden neu produziert, weitere 28 wurden aus der Klasse 875 umgebaut. Die Aufnahme zeigt Lok 880.047 am frühen Morgen des 3. Juni 1972 in Cuneo mit einem Regionalzug aus Arrasca. Zu diesem Zeitpunkt waren die rund 30 noch vorhandenen Loks dieser Baureihe alle in Norditalien stationiert. Die letzte Lok der Baureihe 875 wurde 1971 aus Udine abgezogen, wo sie im Rangierdienst eingesetzt war.
Les Folkard/Online Transport Archive

CUNEO
POLIZIA

Unten: Die vierzylindrigen Mallet-Lokomotiven der MÁV-Baureihe 601 (Achsfolge 1'C'C), waren die größten und stärksten Dampflokomotiven, die vor dem Ersten Weltkrieg gebaut worden waren; 60 Maschinen dieses Typs kamen zwischen 1914 und 1921 von der Magyar Királyi Államvasutak Gépgyára (MÁVAG; Ungarische Königliche Staatseisenbahn-Maschinenfabrik). Vor allem für den Güterverkehr auf starken Steigungsstrecken konzipiert, waren einige Maschinen dieser Baureihe in Kroatien stationiert, so dass sie nach dem Ersten Weltkrieg an Jugoslavenske Železnice (JŽ; Jugoslawische Staatsbahnen - Jugoslavenske Državni Železnice [JDŽ] bis in die 1950er Jahre) übergingen. Die JŽ zeichnete die Maschinen in 32.001 bis 32.036 um. E32.015 ist im Spätfrühjahr 1959 in Fiume (heute Rijeka) zu sehen. Die Baureihe wurde im Güterverkehr zwischen dem Hafen und bis zur Stadt Karlstadt (heute Karlovac) etwa 130 Kilometer landeinwärts auf der Hauptstrecke nach Zagreb eingesetzt.
Online Transport Archive

Rechts oben: Am 13. Mai 1964 verlässt ein Personenzug der Jugoslavenske Železnice (JŽ; Jugoslawische Staatsbahnen) den Belgrader Vorortbahnhof Obrenovac. Die Strecke gehört zum Schmalspurnetz mit einer Spurweite von 760 mm, das Belgrad mit dem bosnischen 760-mm-Netz von Sarajevo verbindet. Sie wurde in den 1920er Jahren fertiggestellt. Der bosnische Abschnitt der Strecke wurde 1974 stillgelegt und der letzte Abschnitt in Serbien 1983. Die Dampflok an der Spitze des Zuges ist ein Exemplar der Baureihe 85 mit der Achsfolge 1'D1'. Die erste Serie der Baureihe 85 wurde ab 1930 geliefert und umfasste zunächst 35 Maschinen, die ursprünglich die Nummern 1501 bis 1535 trugen. Weitere zehn Loks (dann schon als 85.036 bis 85.045 nummeriert) wurden 1940 von der Maschinenfabrik von Slavonski Brod nachgebaut, die später zu den Đuro Đaković Werken wurden. Die Baureihe 85 galt als die Standardlok für die schweren Züge auf Schmalspurbahnen Jugoslawiens.
Charles Firminger/Bob Bridger Collection/Online Transport Archive

Oben: Sremska Mitrovica ist das Verwaltungszentrum des Kreises Srem, westlich von Belgrad und südlich der Donau gelegen. Am 14. Mai 1964 nähert sich Lok 38.008 von Osten her mit einem Personenzug dem Bahnhof von Sremska Mitrovica. 1946 baute die Vulkangießerei Newton-le-Willows in England 120 Loks der *Liberation*-Klasse (Achsfolge 1'D) für den Einsatz vor schweren Güterzügen im Nachkriegseuropa, deren Konstruktion auf der von Robert A. Riddles entworfenen früheren Kriegsbaureihe *Austerity* mit gleicher Achsfolge basiert. 65 Maschinen dieser Art wurden von der JŽ erworben, der Rest ging in die Tschechoslowakei (dortige Baureihe 459.0), nach Luxemburg (dortige Baureihe 47) und nach Polen (dortige Baureihe Tr202). Für Jugoslawien wurden weitere zehn Exemplare in den Jahren 1957 und 1958 von Đuro Đaković nachgebaut. Während von den 30 nach Polen gelieferten Loks heute noch zwei Originalmaschinen erhalten sind, ist auf dem Balkan nur ein Exemplar der nachgebauten Serie erhalten geblieben: die 38.072.
Charles Firminger/Bob Bridger Collection/Online Transport Archive

Oben: Brosanski Brod – seit 2009 nur noch Brod genannt – liegt im äußersten Norden Bosniens und gehört zum serbischen Teil des Landes. Am 16. Mai 1964 verließ Lok 73.001 um 14.17 Uhr planmäßig mit dem Zug nach Usora den Bahnhof. Die Lok gehört zur Baureihe 73 mit der Achsfolge 1'C1', von der 1907 insgesamt 23 Exemplare nach dem Entwurf von Krauss & Co. aus Linz gebaut wurden; 15 dieser Maschinen fertigte Krauss selbst, während die Magyar Királyi Államvasutak Gépgyára (MÁVAG) in Budapest weitere acht Loks lieferte. Die Baureihe hatte ursprünglich die Bezeichnung IIIb5 und wurde für leichte Personenzüge gebaut. Drei dieser Loks sind heute noch erhalten, nämlich die von Krauss gebaute 73.002 sowie zwei der von MÁVAG gebauten Exemplare (73.018 und 73.019). Brosanski Brod war die nördlichste Endstation des 760-mm-Schmalspurnetzes, die am 22. April 1879 von Žepče aus eröffnet wurde – mit freundlicher Genehmigung der kaiserlichen und königlichen bosnischen Eisenbahn, die 1895 in der Staatsbahn Bosnien-Herzegowina aufging. Die Strecke von Brosanski Brod nach Dervanta wurde am 26. Mai 1969 stillgelegt.
Charles Firminger/Bob Bridger Collection/Online Transport Archive

Rechts: Nach dem Streckenausbau für höhere Achslasten Ende der 1920er Jahre erwarb die damalige JDŽ (Vorläuferin der JŽ) ab 1930 insgesamt 110 neue Standard-Dampflokomotiven. Dabei handelte es sich um 40 Exemplare mit der Achsfolge 2'C1', 40 Exemplare mit der Achsfolge 1'E und 30 Exemplare mit der Achsfolge 1'D1'. Letztere wurden später zunächst als Baureihe 486 bezeichnet (486.301 bis 486.330), danach aber noch einmal in 06.001 bis 06.030 umgezeichnet. Alle 30 Loks wurden von Borsig gebaut und waren in ihrer späteren Karriere auf das Gebiet westlich von Zagreb konzentriert. Die Aufnahme von Bernard Harrison zeigt Lok 06.005 beim Rangieren in Celje in Slowenien. *Bernard Harrison/Bob Bridger Collection/Online Transport Archive*

Oben: Nach dem Ersten Weltkrieg beschlossen die BBÖ, eine Serien von Lokomotiven mit der Achsfolge 2'D für den Einsatz auf der Westbahn in Österreich zu bauen, da die Zuglasten dort durch den Austausch alter Holzwagen gegen modernere Waggons mit Stahlaufbauten steigen sollten. Insgesamt wurden 40 Loks von der StEG für die BBÖ gebaut, die sie als Baureihe 113 zwischen 1923 und 1928 in Betrieb nahm. Nach dem Anschluss an das Deutsche Reich im Jahr 1938 reihte sie die Deutsche Reichsbahn als Baureihe 33 ein. Fünf dieser Loks verblieben nach dem Krieg als 10.001 bis 10.005 bei der JŽ. Die Aufnahme vom 5. Juli 1966 zeigt die erste Lok dieses Quintetts vor dem Lokschuppen in Ljubljana. Die Schwesterlokomotive 10.005 blieb erhalten, kam allerdings in den 1980er Jahren nach Österreich zurück, wo sie als BBÖ-Lok 113.32 im Einsatz ist. Zwei weitere Loks sind in Österreich und Polen erhalten.
Bernard Harrison/Bob Bridger Collection/Online Transport Archive

Rechts: Die Gründung des Staates Jugoslawien nach dem Ersten Weltkrieg umfasste auch die Provinz Kroatien, auf deren Gleisen durch die frühere Verbindung zu Ungarn eine Reihe von MÁV-Loks unterwegs waren und so an die JŽ gelangten. Obwohl ein beträchtlicher Teil davon schon vor 1933 abgestellt und verschrottet wurde, überlebten dennoch zahlreiche dieser Loks bis in die Zeit nach dem Zweiten Weltkrieg. Unter den Loks mit der Achsfolge C, die die JŽ übernahm, befanden sich auch 43 Exemplare der Baureihe 126. Es handelte sich ursprünglich um die MÁV-Baureihe 325, von denen zwischen 1893 und 1907 insgesamt 247 Maschinen gebaut worden waren. Ein Teil dieser Loks wurde auch bei der CFR und die CSD eingesetzt. Eingehüllt in eine leichte Dampfwolke wartet am 6. Juli 1966 in Zagreb Lok 126.043 auf ihren nächsten Einsatz.
Les Folkard/Online Transport Archive

Links: Mit Hilfe von Schmalspurbahnen erschloss man die reichen Wälder, die große Teile Jugoslawiens und Rumäniens bedecken. Ein Beispiel dafür war die von Otto Steinbeis geförderte 760-mm-Bahn der Bosnischen Forstindustrie AG. Daraus entwickelte sich die Steinbeis-Bahn in Bosnien-Herzegowina, die sich schließlich über ein Streckennetz von 395 Kilometern im Gebiet südlich von Prijedor erstreckte. Die Bahn wechselte bis zum Ende des Zweiten Weltkriegs, den sie mit schweren Schäden überstand, mehrfach den Besitzer, bevor sie nach 1945 Teil der JŽ wurde. Nach dem Krieg erhielt die Strecke mit freundlicher Unterstützung der Vereinten Nationen eine Reihe weiterer Lokomotiven, doch der Bau einer konkurrierenden Normalspurlinie von Novi Grad nach Knin über Bihać beeinträchtigte die Wirtschaftlichkeit der Strecke. Daher wurde das Schmalspurnetz zwischen 1969 und 1978 schrittweise stillgelegt. Seit der Eröffnung 1902 wurden auf der Strecke mehrere Mallets mit der Achsfolge B'B eingesetzt, darunter auch 1902 von Maffei gelieferte Lok 3, die hier am 8. Juli 1966 mit einem Holzzug bei Lisina unterwegs ist.
Les Folkard/Online Transport Archive

Oben: Am 8. Juli 1966 sind die Steinbeisbahn-Loks 34 und 6 der Bauart UNRRA (Achsfolge D) auf dem Weg von Prijedor nach Srnetica. Die Konstruktion der Lokomotiven wurde 1941 von der in Pittsburgh ansässigen H. K. Porter Co. übernommen, die die Loks 1945 und 1946 an die Bahn ablieferte. Damit sollte die Wiedereröffnung der Strecke nach den Schäden und Verlusten im Zweiten Weltkrieg vorangebracht werden. Die Lokomotiven bewährten sich trotz ihrer relativ geringen Achslast auf den kurvenreichen Schmalspurstrecken. Ungewöhnlicherweise wurden die Lokomotiven beim Übergang auf die JŽ nicht umgezeichnet, sondern behielten ihre UNRRA-Nummern während ihrer gesamten Betriebszeit. Einige Loks dieses Typs sind im ehemaligen Jugoslawien noch immer vorhanden.
Les Folkard/Online Transport Archive

Oben: Ende des 19. Jahrhunderts gehörte das Land, welches das zukünftige Jugoslawien bilden sollte, noch zu Österreich-Ungarn. Dies beeinflusste auch die Entwicklung eines Großteils des Eisenbahnsystems des Landes erheblich. In Fortsetzung des umfangreichen Schmalspurnetzes in der später auch als Bosnischen Spurweite bezeichneten 760 mm-Spur im Norden wurden auch eine Reihe von Schmalspurstrecken in Bosnien und der Herzegowina gebaut. Dazu gehörte die Spalato-Bahn, welche die Steinbeis-Bahn mit der Bosna-Bahn verband. Der erste Abschnitt von Lašva nach Travnik wurde 1893 eröffnet und von dort 1894 über Donji Vakuf nach Bugojno verlängert – einschließlich eines 22,5 Kilometer langen Zahnstangenabschnitts. 1895 kam noch eine Zweigstrecke von Donji Vakuf nach Jajce hinzu. Am 9. Juli 1966 ist Lok 97.400 (Achsfolge C) am Knotenpunkt Donji Vakuf mit dem Frühzug von Jajce nach Lašva zu sehen. Alle Schmalspurbahnen, die Bosnien bedienten, wurden bis Ende 1979 stillgelegt.
Bernard Harrison/Bob Bridger Collection/Online Transport Archive

Oben: In Jugoslawien rollte die erste Kriegslok der Baureihe 52 während der der deutschen Besatzung im Zweiten Weltkrieg; nach 1945 erhielt die JŽ insgesamt 341 Exemplare als Kriegsreparationen, die sie als Baureihe 33 einreihte. Damit bildete dieser Typ die größte Dampflokbaureihe Jugoslawiens und war gleichzeitig die letzte Dampfbaureihe, die bei JŽ in Betrieb ging. Diese Loks waren sowohl im Personen- als auch im Güterverkehr eingesetzt, obwohl mit der Elektrifizierung von immer mehr Strecken ihr Einsatzgebiet immer kleiner wurde. In Kroatien blieben mehrere Loks bis Anfang der 80er Jahre in Betrieb und zwei Loks waren zum Zeitpunkt des Manuskriptabschlusses im Oktober 2019 auf einer Werkbahn in Bosnien sogar noch im täglichen Einsatz! Nach ihrer Abstellung wurde eine beträchtliche Anzahl noch als Teil der strategischen Reserve von JŽ bis zur Auflösung Jugoslawiens nach dem Tod von Staatschef Tito vorgehalten. Auf dem Bild vom 9. Juli 1966 passiert die ölgefeuerte 33.252 den Ort Lasva mit einem Güterzug in Richtung Sarajevo.
Bernard Harrison/Bob Bridger Collection/Online Transport Archive

Oben: Zwischen 1942 und 1944 erhielt das US Army Transportation Corps 382 Tenderloks, die von Howard G. Hill entworfen worden waren. Die Dreikuppler wurden als Baureihe S100 bezeichnet und waren für den den Einsatz auf dem europäischen Festland für die Zeit nach einer Invasion konzipiert, wie sie dann im Juni 1944 stattfand. Mit der Einstellung der Feindseligkeiten im Jahr 1945 wurden die Lokomotiven an eine Reihe von europäischen Eisenbahngesellschaften weiterverkauft. Unter anderem erwarb auch die JŽ 106 Maschinen dieser Type und reihte sie als Baureihe 62 in ihren Fuhrpark ein. Weitere Lokomotiven dieser Type wurden von Đuro Đaković aus dem heutigen Kroatien zwischen 1952 und 1961 gebaut. Eine der in den USA gebauten Loks ist 62.100, die sich hier am 9. Juli 1966 in Sisak gerade vor einen Personenzug gesetzt hat. Eine Reihe der in den USA gebauten Schwesterloks haben überlebt. Eine Lok der Baureihe 62 war Ende 2019 sogar noch im regelmäßigen Güterzugdienst bei einer Kohlemine im Raum Sarajevo im Einsatz. *Les Folkard/Online Transport Archive*